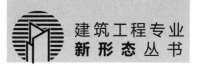

建筑工程专业
新形态丛书

平法钢筋算量
（基于16G平法图集）

臧　朋　主　编
柯佳佳　李鸣鹏　副主编

U0234289

化学工业出版社
·北京·

内 容 简 介

本书基于 16G 系列平法图集，介绍了平法结构施工图识读和钢筋工程量计算的基本理论与方法。本书共分 7 章，内容包括：平法钢筋算量基础知识、柱的平法钢筋算量、梁的平法钢筋算量、板的平法钢筋算量、墙的平法钢筋算量、楼梯的平法钢筋算量、基础的平法钢筋算量。

本书具有内容系统、实用性强、便于理解等特点，可供高等院校或者职业院校平法钢筋算量相关课程教学使用，也可供工程造价、工程管理等专业的在校生以及建筑类从业人员学习参考。

图书在版编目（CIP）数据

平法钢筋算量：基于 16G 平法图集/臧朋主编；柯佳佳，李鸣鹏副主编．—北京：化学工业出版社，2022.4
（建筑工程专业新形态丛书）
ISBN 978-7-122-40675-0

Ⅰ.①平⋯　Ⅱ.①臧⋯②柯⋯③李⋯　Ⅲ.①钢筋混凝土结构-结构计算-高等职业教育-教材　Ⅳ.①TU375.01

中国版本图书馆 CIP 数据核字（2022）第 022959 号

责任编辑：徐　娟　　　　　　　　　　　文字编辑：冯国庆
责任校对：田睿涵　　　　　　　　　　　装帧设计：王晓宇

出版发行：化学工业出版社（北京市东城区青年湖南街 13 号　邮政编码 100011）
印　　装：三河市双峰印刷装订有限公司
787mm×1092mm　1/16　印张 12　字数 284 千字　2022 年 6 月北京第 1 版第 1 次印刷

购书咨询：010-64518888　　　　　　　售后服务：010-64518899
网　　址：http：//www.cip.com.cn
凡购买本书，如有缺损质量问题，本社销售中心负责调换。

定　　价：58.00 元　　　　　　　　　　　　　　　　　版权所有　违者必究

丛书编委会名单

丛书主编：卓　菁

丛书主审：卢声亮

编委会成员（按姓氏汉语拼音排序）：方力炜　黄泓萍　李建华　刘晓霞
刘跃伟　卢明真　彭雯霏　陶　莉　吴庆令　臧　朋　赵　志

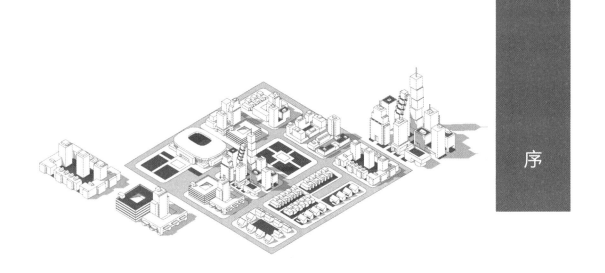

序

百年大计，教育为本；教育大计，教材为基。教材是教学活动的核心载体，教材建设是直接关系到"培养什么人""怎样培养人""为谁培养人"的铸魂工程。建筑工程专业新形态丛书紧跟建筑产业升级、技术进步和学科发展变化的要求，以立德树人为根本任务，以工作过程为导向，以企业真实项目为载体，以培养建设工程生产、建设、管理和服务一线所需要的高素质技术技能人才为目标。依托国家教学资源库、MOOC等在线开放课程、虚拟仿真资源等数字化教学资源同步开发和建设，数字资源包括教学案例、教学视频、动画、试题库、虚拟仿真系统等。

建筑工程专业新形态丛书共8册，分别为《建筑施工组织管理与BIM应用》（主编刘跃伟）、《建筑制图与CAD》（主编卢明真、彭雯霏）、《Revit建筑建模基础与实战》（主编赵志）、《建设工程资料管理》（主编李建华）、《建筑材料》（主编吴庆令、黄泓萍）、《结构施工图识读与实战》（主编陶莉）、《平法钢筋算量（基于16G平法图集）》（主编臧朋）、《安装工程计量与计价》（主编刘晓霞、方力炜）。本丛书的编写具备以下特色。

1.坚持以习近平新时代中国特色社会主义思想为指导，牢记"三个地"的政治使命和责任担当，对标建设"重要窗口"的新目标新定位，按照"把牢方向、服务大局，整体设计、突出重点，立足当下、着眼未来"的原则整体规划，切实发挥教材铸魂育人的功能。

2.对接国家职业标准，反映我国建筑产业升级、技术进步和学科发展变化要求，以提高综合职业能力为目标，以就业为导向，理论知识以"必需"和"够用"为原则，注重职业岗位能力和职业素养的培养。

3.融入"互联网+"思维，将纸质资源与数字资源有机结合，通过扫描二维码，为读者提供文字、图片、音频、视频等丰富学习资源，既方便读者随时随地学习，也确保教学资源的动态更新。

4.校企合作共同开发。本丛书由企业工程技术人员、学校一线教师共同完成，教师到一线收集企业鲜活的案例资料，并与企业技术专家进行深入探讨，确保教材的实用性、先进性并能反映生产过程的实际技术水平。

为确保本丛书顺利出版，我们在一年前就积极主动联系了化学工业出版社，我们学术团队多次特别邀请了出版社的编辑线上指导本丛书的编写事宜，并最终敲定了部分图书选择活页式形式，部分图书选择四色印刷。在此特别感谢化学工业出版社给予我们团队的大力支持与帮助。

我作为本丛书的丛书主编深知责任重大，所以我直接参与了每一本书的编撰工作，认真地进行了校稿工作。在编写过程中以丛书主编的身份多次召集所有编者召开专业撰写书稿推进会，包括体例设计、章节安排、资源建设、思政融入等多方面工作。另外，卢声亮博士作为本系列丛书的主审，也对每本书的目录、内容进行了审核。

虽然在编写中所有编者都非常认真地多次修正书稿，但书中难免还存在一些不足之处，恳请广大的读者提出宝贵的意见，便于我们再版时进一步改进。

温州职业技术学院教授　卓菁

2021 年 5 月 31 日　于温州职业技术学院

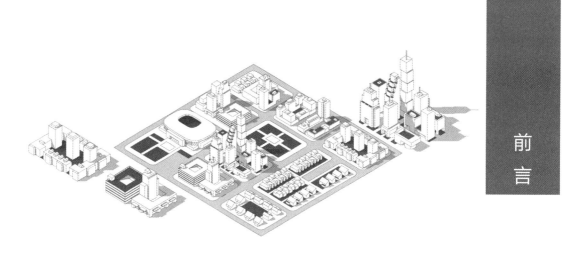

钢筋工程具有数量大、价格高、计算复杂、对总造价影响较大等特点，工程各方均非常重视其工程量计算，同时它也是工程造价人员在算量工作中的重点和难点。尽管当前各类钢筋算量软件已较为成熟，但要求使用人员具备较强的识图能力和熟练的钢筋手算能力，否则难以保证计算结果的完整性和准确性。因此，手工钢筋算量仍旧不可代替，这是软件算量的前提和基础。

本书适应高等职业技术教育改革的需要，落实高校立德树人的根本任务，以真实工程项目为教学载体，按照岗位和职业能力的要求设置内容。全书结合 16G 系列平法图集，详细介绍了钢筋相关的基本知识、平法施工图的识读、钢筋工程量计算的基本方法和技巧。内容包括七个项目，分别为：项目 1——平法钢筋算量基础知识、项目 2——柱的平法钢筋算量、项目 3——梁的平法钢筋算量、项目 4——板的平法钢筋算量、项目 5——墙的平法钢筋算量、项目 6——楼梯的平法钢筋算量、项目 7——基础的平法钢筋算量。通过所有任务的理论讲解和实践锻炼，最终使学生具备能识图、懂构造、会算量的能力，同时培养学生遵守规范、安全责任的意识，树立爱国敬业、诚实守信、精益求精的职业精神。

本书是校企合作开发教材，由温州职业技术学院臧朋任主编，温州职业技术学院柯佳佳、温州正大项目管理有限公司李鸣鹏任副主编，具体分工如下：臧朋负责编写项目 1 至项目 5，李鸣鹏负责编写项目 6，柯佳佳负责编写项目 7。此外，参编人员还有广联达科技股份有限公司张艳丹，西安建筑科技大学郑涛，温州职业技术学院卓菁、方力炜、吴志堂，乐清市审计局臧国华等人。本书在编写过程中，还参阅和借鉴了许多优秀书籍、图集和有关国家标准，在此一并致谢。

由于编者水平有限，不足之处在所难免，恳请广大读者提出宝贵意见予以指正！

编者
2021 年 11 月

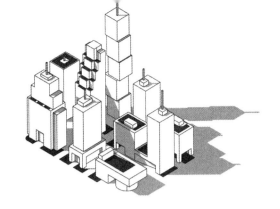

目
录

二维码资源目录

项目	任务	二维码资源名称	项目	任务	二维码资源名称
项目1 平法钢筋算量基础知识	任务1.1 钢筋的类型及标注	钢筋类型	项目3 梁的平法钢筋算量	任务3.7 梁的附加钢筋计算	梁的附加钢筋计算
		钢筋标注		任务3.8 梁变截面钢筋计算	梁变截面钢筋计算
	任务1.2 钢筋算量的基本原理	钢筋理论质量		任务3.9 其他梁的钢筋计算	屋面框架梁钢筋计算
		钢筋算量业务			非框架梁钢筋计算
	任务1.3 钢筋的混凝土保护层厚度	环境类别	项目4 板的平法钢筋算量	任务4.1 板的钢筋分类	板钢筋分类
		混凝土保护层厚度		任务4.2 板的平法识图	集中标注
	任务1.4 钢筋的锚固长度	钢筋的锚固长度			原位标注
		锚固长度的取值		任务4.3 贯通筋的计算	板底贯通筋计算
	任务1.5 钢筋的连接	钢筋的连接方式			板顶贯通筋计算
项目2 柱的平法钢筋算量	任务2.1 柱的钢筋分类	柱钢筋分类		任务4.4 支座负筋的计算	支座负筋计算
	任务2.2 柱的平法识图	截面注写		任务4.5 分布筋的计算	分布筋计算
		列表注写		任务4.6 温度筋的计算	温度筋计算
	任务2.3 柱的基础插筋计算	基础插筋（基础内）		任务4.7 马凳筋的计算	马凳筋计算
		基础插筋（基础外）	项目5 墙的平法钢筋算量	任务5.2 墙的平法识图	列表注写
	任务2.4 柱的中间层纵筋计算	首层柱纵筋长度			截面注写
		地下室柱纵筋长度		任务5.3 墙身的钢筋计算	水平分布筋构造
		二层及以上柱纵筋长度			竖向分布筋构造
	任务2.5 柱变截面和柱变钢筋计算	柱变截面		任务5.4 墙柱的钢筋计算	墙柱的钢筋计算
		柱变钢筋（根数不同）		任务5.5 墙梁的钢筋计算	墙梁的钢筋计算
		柱变钢筋（直径不同）	项目6 楼梯的平法钢筋算量	任务6.1 楼梯的类型	楼梯类型
	任务2.6 柱的顶层纵筋计算	柱顶内侧纵筋计算		任务6.2 楼梯的平法识图	平面注写
		柱顶外侧纵筋计算			剖面注写
	任务2.7 柱的箍筋长度计算	大箍筋长度计算			列表注写
		小箍筋长度计算		任务6.3 楼梯的纵筋算量	下部纵筋计算
	任务2.8 柱的箍筋根数计算	箍筋根数计算（基础内）			上部纵筋计算
		箍筋根数计算（楼层内）		任务6.4 楼梯的分布筋算量	分布筋计算
项目3 梁的平法钢筋算量	任务3.1 梁的钢筋分类	梁钢筋分类	项目7 基础的平法钢筋算量	任务7.1 基础的类型	基础类型
	任务3.2 梁的平法识图	集中标注		任务7.2 独立基础平法识图	独立基础平法识图
		原位标注		任务7.3 独立基础钢筋算量	独立基础钢筋计算
	任务3.3 梁的上部钢筋计算	上部通长筋计算			缩减时的钢筋计算
		支座负筋计算		任务7.4 筏形基础平法识图	筏形基础分类
		架立筋计算		任务7.5 筏形基础钢筋算量	基础梁钢筋构造
	任务3.4 梁的中部钢筋计算	中部钢筋计算			基础平板钢筋构造
	任务3.5 梁的下部钢筋计算	下部钢筋计算		任务7.6 桩基承台平法识图	桩基构造
	任务3.6 梁的箍筋及拉筋计算	箍筋及拉筋长度计算		任务7.7 桩基承台钢筋算量	桩承台钢筋构造
		箍筋及拉筋根数计算			桩身钢筋构造

项目 1

平法钢筋算量
基础知识

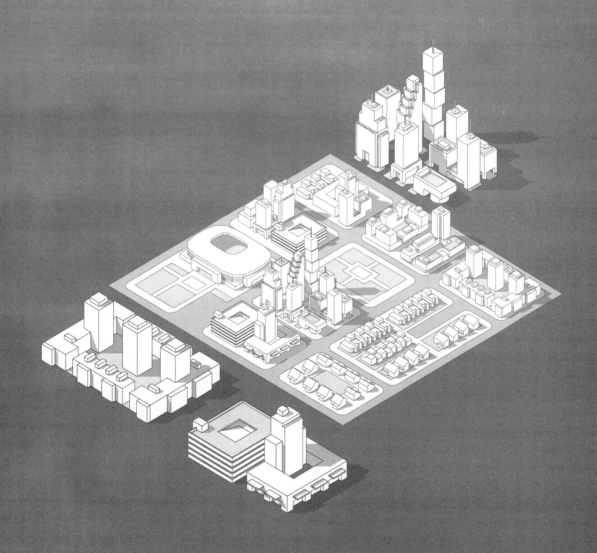

任务1.1

钢筋的类型及标注

建议课时：1课时

知识目标：掌握钢筋分类及标注方法。

能力目标：能根据标注识读钢筋信息。

思政目标：遵守规范、严谨细致。

钢筋类型　　钢筋标注

我国用于混凝土结构的钢筋种类多样，如果按钢筋加工工艺划分，主要分为热轧钢筋、热处理钢筋、冷轧钢筋（冷轧带肋钢筋、冷轧扭钢筋）、冷拔低碳钢丝、消除应力钢丝、钢绞线等；如果按结构中是否施加预应力，分为普通钢筋和预应力钢筋。

普通钢筋是指用于钢筋混凝土结构中的钢筋和预应力混凝土结构中的非预应力钢筋。用于钢筋混凝土结构的热轧钢筋分为 HPB300、HRB335、HRB400、HRB500 四个级别，其基本信息如表 1-1 所示。光圆钢筋及带肋钢筋如图 1-1 所示。

表 1-1　普通钢筋类型

钢筋牌号	钢筋种类	公称直径 /mm	用途
HPB300	强度级别为 300MPa 的热轧光圆钢筋	6 ~ 14	用于板、基础和荷载不大的梁、柱的受力主筋、箍筋和其他构造筋
HRB335	强度级别为 335MPa 的普通热轧带肋钢筋	6 ~ 14	主要用作中、小跨度楼板配筋以及剪力墙的分布筋，还可用于箍筋与构造配筋
HRB400	强度级别为 400MPa 的普通热轧带肋钢筋	6 ~ 50	主要用作结构构件的受力主筋
HRB500	强度级别为 500MPa 的普通热轧带肋钢筋	6 ~ 40	强度虽高，但冷弯性能、疲劳性能及焊接性能均较差，应用受限

注：表中 HPB 为 Hot-rolled Plain Steel Bar 的缩写，HRB 为 Hot-rolled Ribbed Steel Bar 的缩写。

(a) 光圆钢筋　　　　　　　　　　　　(b) 带肋钢筋

图 1-1　光圆钢筋及带肋钢筋

除上述普通热轧钢筋以外，其他类型钢筋如表 1-2 所示。

表1-2　其他钢筋类型

钢筋牌号	钢筋种类	钢筋牌号	钢筋种类
RRB400	余热处理带肋钢筋	HRBF335	细晶粒热轧带肋钢筋
HRBF400	细晶粒热轧带肋钢筋	HRBF500	细晶粒热轧带肋钢筋
HRB335E	普通热轧抗震钢筋	HRB400E	普通热轧抗震钢筋
HRB500E	普通热轧抗震钢筋	HRBF335E	细晶粒热轧抗震钢筋
HRBF400E	细晶粒热轧抗震钢筋	HRBF500E	细晶粒热轧抗震钢筋

《混凝土结构设计规范》[GB 50010—2010（2015修订版）]规定：根据"四节一环保"的要求，提倡应用高强、高性能的钢筋，将400MPa、500MPa级高强热轧带肋钢筋作为纵向受力的主导钢筋推广应用；淘汰直径16mm以上的335MPa级热轧带肋钢筋，保留小直径的HRB335钢筋，主要用于中、小跨度楼板配筋以及剪力墙的分布筋配筋，还可用于构件的箍筋与构造配筋；箍筋用于抗剪、抗扭及抗冲切设计时，其抗拉强度设计值的发挥受到限制，不宜采用强度高于400MPa级的钢筋。

在结构施工图纸或软件中，可用不同的符号代表各类钢筋，具体见表1-3。

表1-3　钢筋符号表

钢筋牌号	钢筋符号	软件代号	钢筋牌号	钢筋符号	软件代号
HPB300	Φ	A	HRB335	$\underline{\Phi}$	B
HRB400	$\underline{\underline{\Phi}}$	C	HRB500	$\overline{\overline{\Phi}}$	E

注：软件代号"D"代表"RRB400钢筋"。

钢筋的直径、根数及相邻钢筋中心距（间距）在图样上一般采用引出线方式标注，其标注形式有下面两种。

（1）标注钢筋的根数和直径

如：2Φ20代表2根HRB400级直径为20mm的钢筋。

（2）标注钢筋的直径和间距

如：Φ10@100代表HPB300级直径为10mm的钢筋，间距为100mm。

【例1-1】　下列钢筋标注分别代表什么含义？

2Φ25；Φ8@150；4Φ14；Φ10@100/200。

答：2Φ25表示：2根直径为25mm的HRB400级钢筋。

Φ8@150表示：直径为8mm的HPB300级钢筋，间距为150mm。

4Φ14表示：4根直径为14mm的HRB335级钢筋。

Φ10@100/200：直径为10mm的HPB300级钢筋，加密区间距为100mm，非加密区间距为200mm。

任务1.2 钢筋算量的基本原理

建议课时：1课时。
知识目标：掌握钢筋理论质量的概念。
能力目标：能计算钢筋理论质量。
思政目标：爱岗敬业、求真务实。

钢筋理论质量　钢筋算量业务

根据《房屋建筑与装饰工程工程量计算规范》（GB 50854—2013）关于钢筋工程量计算的要求规定：钢筋工程量应按设计图示钢筋（网）长度（面积）乘以单位理论质量计算，即：

$$钢筋工程量 = 钢筋图示长度 \times 钢筋单位理论质量$$

式中，钢筋理论质量（kg/m）=0.00617× 钢筋的直径 d（mm）× 钢筋的直径 d（mm），即钢筋质量与直径的平方成正比。

例如：Φ10 钢筋的理论质量 =0.00617×10×10=0.617（kg/m）。

在进行钢筋算量时，也可直接查询钢筋理论质量表中的数据（表 1-4）。

表 1-4　钢筋理论质量

公称直径 /mm	理论质量 /（kg/m）	公称直径 /mm	理论质量 /（kg/m）
6	0.222	20	2.47
6.5	0.26	22	2.98
8	0.395	25	3.85
10	0.617	28	4.83
12	0.888	30	5.55
14	1.21	32	6.31
16	1.58	36	7.99
18	2.0	38	8.91
40	9.87	50	15.42

由于钢筋理论质量可以通过查表得到，因此钢筋算量的工作重点在于钢筋图示长度的计算。钢筋图示长度由单根钢筋长度乘以根数得到，单根钢筋长度为钢筋在构件内的净长加上在节点处的锚固长度，并考虑钢筋的连接长度，其计算原理如图 1-2 所示。

其中，钢筋在节点处的锚固长度受到构件混凝土标号、结构抗震等级、钢筋型号及混凝土保护层厚度的影响。

注意：由于专业的不同，与钢筋工程量计算相关的业务可分为工程造价领域的钢筋算量和工程技术领域的钢筋翻样，两者既有联系又有区别，具体区别见表 1-5。

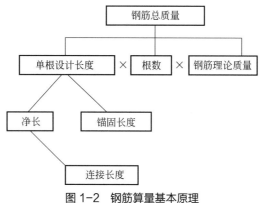

图 1-2 钢筋算量基本原理

表 1-5 两种钢筋计算业务的区别

业务	计算依据和方法	目的	关注点
钢筋算量	按照相关规范及设计图纸，按工程量清单和定额的要求，以"设计长度"进行计算	确定工程造价	以更高效率快速确定工程的钢筋总用量，用以确定工程造价
钢筋翻样	按照相关规范及设计图纸，以"实际长度"进行计算	指导实际施工	既符合相关规范和设计要求，也要满足方便施工、降低成本等实际施工需求

注：表中的"实际长度"要考虑钢筋加工变形、钢筋的位置关系等实际情况，而"设计长度"是按设计图进行计算的，并未考虑太多钢筋加工及施工过程中的实际情况。本书讲解的是工程造价领域的钢筋算量，按照一般做法以钢筋的"外皮尺寸"来计算钢筋长度。

【例 1-2】 某预制板配筋配为 10 ⊈ 18，假设每根钢筋长 6m，求该板内钢筋总质量。

答：已知直径为 18mm 的钢筋理论质量为 2.0kg/m，单根长度为 6m，根数为 10 根，则钢筋总质量 =6×10×2=120（kg）=0.12（t）。

任务1.3
钢筋的混凝土保护层厚度

建议课时： 1课时。
知识目标： 掌握混凝土保护层厚度的概念。
能力目标： 能查找混凝土保护层厚度。
思政目标： 规范标准、认真细致。

环境类别   混凝土保护层厚度

钢筋混凝土构件由钢筋和混凝土两种建筑材料复合而成。钢筋的混凝土保护层厚度是指最外层钢筋的外边缘至混凝土表面的距离。

混凝土保护层的主要作用如下。

① 保证混凝土与钢筋之间的握裹力，确保结构受力性能和承载力。

混凝土与钢筋共同工作的保证条件是依靠混凝土与钢筋之间有足够的握裹力，它由黏结力、摩擦力、咬合力和机械锚固力构成。

② 保护钢筋不被锈蚀，确保结构安全性和耐久性。

混凝土保护层对钢筋具有保护作用，同时混凝土中水泥水化的高碱度，使被包裹在混凝土构件中的钢筋表面形成钝化保护膜，是混凝土能够保护钢筋的主要依据和基本条件。

控制混凝土保护层厚度的措施如图1-3所示。

(a) 混凝土垫块   (b) 塑料定位卡

图1-3　控制混凝土保护层厚度的措施

虽然混凝土保护层厚度越大，构件的受力钢筋黏结锚固性能和耐久性越好，但过大的保护层厚度会使构件受力后产生的裂缝宽度过大，影响其使用性能，并且过大的保护层厚度也造成经济上的浪费。因此，《混凝土结构设计规范》（GB 50010—2010）中，规定设计使用年限为50年的混凝土结构，混凝土保护层的最小厚度应符合表1-6的规定。

表1-6　混凝土保护层的最小厚度　　　　　　　　　单位：mm

环境类别	板、墙	梁、柱
一	15	20
二 a	20	25
二 b	25	35

续表

环境类别	板、墙	梁、柱
三 a	30	40
三 b	40	50

注：混凝土结构的环境类别划分详见《混凝土结构施工图平面整体表示方法制图规则和构造详图（现浇混凝土框架、剪力墙、梁、板）》（以下简称16G101-1图集）第56页。

在使用表1-6时，还需注意以下几点。

① 表1-6中混凝土保护层厚度指最外层钢筋外边缘至混凝土表面的距离，适用于设计使用年限为50年的钢筋混凝土结构。

② 构件中受力钢筋的保护层厚度不应小于钢筋的公称直径。

③ 设计使用年限为100年的混凝土结构，一类环境中，最外层钢筋的保护层厚度不应小于表1-6中数值的1.4倍；二、三类环境中，应采取专门的有效措施。

④ 混凝土强度等级不大于C25时，表中保护层厚度数值应增加5mm。

⑤ 基础底面钢筋保护层的厚度，有混凝土垫层时应从垫层顶面算起，且不应小于40mm。

【例1-3】 某框架结构，设计使用年限50年，钢筋混凝土柱的纵筋采用12根直径25mm的HRB335钢筋，混凝土等级为C30，环境等级为一级。请确定该柱的混凝土保护层最小厚度应为多少？

答：查阅表1-6可知，一类环境下柱构件的混凝土保护层厚度应为20mm，但根据规定，构件中受力钢筋的保护层厚度不应小于钢筋的公称直径，可确定该柱的保护层厚度最少应为25mm。

任务1.4
钢筋的锚固长度

建议课时： 2课时。
知识目标： 掌握钢筋的锚固长度的概念。
能力目标： 能计算钢筋的锚固长度。
思政目标： 安全责任、规范意识。

钢筋的锚固
长度　　锚固长度
　　　　　取值

在受力过程中，受力钢筋可能会产生滑移，甚至会从混凝土中拔出而造成锚固破坏。为防止此类现象发生，可将构件的受力钢筋伸入支座中锚固一定长度，称为锚固长度。如设计图纸有明确规定的，锚固长度按设计标注计算；当设计无具体要求时，可按照《混凝土结构施工图平面整体表示方法制图规则和构造详图》（以下简称16G101系列图集）的要求进行取值。

根据《混凝土结构设计规范》（GB 50010—2010）中的理论公式可计算出受拉钢筋的基本锚固长度。为了方便施工和造价人员查用，16G101系列图集直接以表格形式给出了受拉钢筋基本锚固长度 l_{ab}（非抗震）、l_{abE}（抗震）（表1-7和表1-8）。

表1-7　受拉钢筋基本锚固长度 l_{ab}

钢筋种类	混凝土强度等级								
	C20	C25	C30	C35	C40	C45	C50	C55	≥ C60
HPB300	39d	34d	30d	28d	25d	24d	23d	22d	21d
HRB335、HRBF335	38d	33d	29d	27d	25d	23d	22d	21d	21d
HRB400、HRBF400、RRB400	—	40d	35d	32d	29d	28d	27d	26d	25d
HRB500、HRBF500	—	48d	43d	39d	36d	34d	32d	31d	30d

表1-8　抗震设计时受拉钢筋基本锚固长度 l_{abE}

钢筋种类		混凝土强度等级								
		C20	C25	C30	C35	C40	C45	C50	C55	≥ C60
HPB300	一、二级	45d	39d	35d	32d	29d	28d	26d	25d	24d
	三级	41d	36d	32d	29d	26d	25d	24d	23d	22d
HRB335 HRBF335	一、二级	44d	38d	33d	31d	29d	26d	25d	24d	24d
	三级	40d	35d	31d	28d	26d	24d	23d	22d	22d
HRB400 HRBF400	一、二级	—	46d	40d	37d	33d	32d	31d	30d	29d
	三级	—	42d	37d	34d	30d	29d	28d	27d	26d
HRB500 HRBF500	一、二级	—	55d	49d	45d	41d	39d	37d	36d	35d
	三级	—	50d	45d	41d	38d	36d	34d	33d	32d

注：1. 四级抗震时，$l_{abE}=l_{ab}$。

2. 当锚固钢筋的保护层厚度不大于5d时，锚固钢筋长度范围内应设置横向构造钢筋，其直径不应小于$d/4$（d为锚固钢筋的最大直径）；对梁、柱等构件间距不应大于5d，对板、墙等构件间距不应大于10d，且均不应大于100d（d为锚固钢筋的最小直径）。

由于抗震设计要求"强锚固"，即在地震作用下，钢筋锚固应高于非抗震设计。表1-8中的抗震基本锚固长度 l_{abE} 与表1-7中的基本锚固长度 l_{ab} 之间的关系为：

$$l_{abE}=\zeta_{aE}l_{ab}$$

式中，ζ_{aE} 为纵向受拉钢筋抗震锚固长度修正系数。在一、二级抗震等级时 ζ_{aE}=1.15；在三级抗震等级时 ζ_{aE}=1.05；在四级抗震等级时 ζ_{aE}=1，即 $l_{abE}=l_{ab}$。

【例1-4】　假设某钢筋直径为25mm，种类为HRB400，混凝土强度等级为C30，求钢筋的基本锚固长度 l_{ab}。

答：根据已知条件，查阅"受拉钢筋基本锚固长度"表，可知 l_{ab}=35d，即钢筋直径的35倍。

基本锚固长度是正常情况下的理论值，当钢筋类型及所处环境不同时，应进行锚固长度修正，即乘以锚固长度修正系数 ζ_a（取值见表1-9）。

表1-9　受拉钢筋锚固长度修正系数 ζ_a 取值

锚固条件		ζ_a
带肋钢筋的公称直径大于25mm		1.10
环氧树脂涂料带肋钢筋		1.25
施工过程中易受扰动的钢筋		1.10
锚固区保护层厚度	3d	0.80
	5d	0.70

注：中间时取值按内插值。d 为锚固钢筋直径。

修正后的受拉钢筋非抗震锚固长度 l_a 与抗震锚固长度 l_{aE} 的计算公式如下。

非抗震锚固长度　　　　　　　　　$l_a=\zeta_a l_{ab}$

抗震锚固长度　　　　　　　　　　$l_{aE}=\zeta_a l_{abE}$

例如：环氧树脂涂层钢筋，钢筋表面制备一层环氧树脂薄膜保护层，能有效防止处于恶劣环境下的钢筋被腐蚀，但涂层使钢筋表面光滑，锚固长度需增加25%，此时 ζ_a=1.25。

当不满足表1-7中条件时，受拉钢筋锚固长度修正系数 ζ_a=1。在16G101系列图集中，受拉钢筋的锚固长度 l_a 和抗震锚固长度 l_{aE} 也均以表格形式给出，使用时可直接查表1-10和表1-11。

表1-10　受拉钢筋锚固长度 l_a

钢筋种类	混凝土强度等级																	
	C20		C25		C30		C35		C40		C45		C50		C55		≥ C60	
	d≤25	d>25	d≤25	d>25	d≤25	d>25	d≤25	d>25	d≤25	d>25	d≤25	d>25	d≤25	d>25	d≤25	d>25	d≤25	d>25
HPB300	39d	—	34d	—	30d	—	28d	—	25d	—	24d	—	23d	—	22d	—	21d	—
HRB335 HRBF335	38d	—	33d	—	29d	—	27d	—	25d	—	23d	—	22d	—	21d	—	21d	—
HRB400 HRBF400 RRB400	—	—	40d	44d	35d	39d	32d	35d	29d	32d	28d	31d	27d	30d	26d	29d	25d	28d
HRB500 HRBF500	—	—	48d	53d	43d	47d	39d	43d	36d	40d	34d	37d	32d	35d	31d	34d	30d	33d

表1-11　受拉钢筋抗震锚固长度 l_{aE}

钢筋种类及抗震等级		混凝土强度等级																
		C20	C25		C30		C35		C40		C45		C50		C55		≥C60	
		$d\leqslant25$	$d\leqslant25$	$d>25$	$d\leqslant25$	$d>25$	$d\leqslant25$	$d>25$	$d\leqslant25$	$d>25$	$d\leqslant25$	$d>25$	$d\leqslant25$	$d>25$	$d\leqslant25$	$d>25$	$d\leqslant25$	$d>25$
HPB300	一、二级	45d	39d	—	35d	—	32d	—	29d	—	28d	—	26d	—	25d	—	24d	—
	三级	41d	36d	—	32d	—	29d	—	26d	—	25d	—	24d	—	23d	—	22d	—
HRB335	一、二级	44d	38d	—	33d	—	31d	—	29d	—	26d	—	25d	—	24d	—	24d	—
	三级	40d	35d	—	30d	—	28d	—	26d	—	24d	—	23d	—	22d	—	22d	—
HRB400 HRBF400	一、二级	—	46d	51d	40d	45d	37d	40d	33d	37d	32d	36d	31d	35d	30d	33d	29d	32d
	三级	—	42d	46d	37d	41d	34d	37d	30d	34d	29d	33d	28d	32d	27d	30d	26d	29d
HRB500 HRBF500	一、二级	—	55d	61d	49d	54d	45d	49d	41d	46d	39d	43d	37d	40d	36d	39d	35d	38d
	三级	—	50d	56d	45d	49d	41d	45d	38d	42d	36d	39d	34d	37d	33d	36d	32d	35d

注：1. 当为环氧树脂涂层带肋钢筋时，表中数据尚应乘以1.25。

2. 当纵向受拉钢筋在施工过程中易受扰动时，表中数据尚应乘以1.1。

3. 当锚固长度范围内纵向受力钢筋周围保护层厚度为3d、5d（d为锚固钢筋的直径，mm）时，表中数据可分别乘以0.80、0.70，中间时按内插值。

4. 当纵向受拉普通钢筋锚固长度修正系数（注1～3）多于一项时，可按连乘计算。

5. 受拉钢筋的锚固长度 l_a、l_{aE} 计算值不应小于200mm。

6. 四级抗震时，$l_{aE}=l_a$。

7. 当锚固钢筋的保护层厚度不大于5d时，锚固钢筋长度范围内应设置横向构造钢筋，其直径不应小于 $d/4$（d为锚固钢筋的最大直径）；对梁、柱等构件间距不应大于5d，对板、墙等构件间距不应大于10d，且均不应大于100mm（d为锚固钢筋的最小直径）。

【例1-5】　假设抗震等级为一级，某钢筋直径为28mm，种类为HRB400，混凝土强度等级为C30，求钢筋的抗震锚固长度 l_{aE}。

答：根据已知条件，查阅"受拉钢筋抗震锚固长度"表，可知 $l_{aE}=45d$，即钢筋直径的45倍。

任务1.5

钢筋的连接

建议课时: 1课时。

知识目标: 理解钢筋的连接方式。

能力目标: 能计算钢筋搭接长度。

思政目标: 质量意识、节能减排。

钢筋的连接
方式

钢筋定尺长度是有限的,多为9m。当钢筋混凝土构件长度超过钢筋的定尺长度时,就需要将钢筋连接起来使用,钢筋连接处应设置在构件受力较小的位置。

钢筋的连接方式有:绑扎连接、机械连接、焊接连接。

1.5.1 绑扎连接

纵向受力钢筋的绑扎连接是钢筋连接最常见的方式之一。绑扎连接的优点是施工操作简单,缺点是绑扎搭接比较浪费钢筋,并且连接强度较低,不合适大直径钢筋连接。目前这种连接方式主要应用于楼板钢筋的连接。

由于绑扎连接会因为钢筋搭接而使得所用钢筋实际长度比设计标注尺寸更长,因此需要计算搭接长度。搭接长度可按表1-12计算。

表1-12 纵向受拉钢筋绑扎搭接长度

纵向受拉钢筋绑扎搭接长度 l_{lE}、l_l			
抗震		非抗震	
$l_{lE}=\zeta_l l_{aE}$		$l_l=\zeta_l l_a$	
纵向受拉钢筋搭接长度修正系数 ζ_l			
纵向钢筋搭接接头面积比例 /%	≤ 25	50	100
ζ_l	1.2	1.4	1.6

注:1. 当直径不同的钢筋连接时,l_{lE}、l_l按直径较小的钢筋计算。

2. 任何情况下都不应小于300mm。

3. 当纵向钢筋搭接接头面积比例为表中的中间值时,可按内插法取值。

表1-12中纵向钢筋搭接接头面积比例含义为该连接区段内有连接接头的纵向受力钢筋截面面积与全部纵向钢筋截面面积的比值(图1-4)。

如设计图纸有明确规定的,搭接长度按设计标注计算;当设计图纸无具体要求时,可按照16G101系列图集的要求进行取值。在16G101系列图集中,纵向受拉钢筋绑扎搭接长度 l_{lE}、l_l 也均以表格形式给出,使用时可直接查表(详见16G101-1图集第61页和第62页表)。

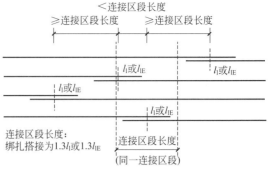

(a) 纵筋绑扎搭接　　　　　　　　　(b) 同一连接区段内绑扎搭接接头

图 1-4　钢筋的绑扎连接

1.5.2　机械连接

纵向受力钢筋机械连接的接头形式有直螺纹套筒连接接头、套筒挤压连接接头和锥螺纹套筒连接接头，如图 1-5 所示。其中，直螺纹套筒连接接头应用较为广泛。

(a) 直螺纹套筒连接　　　　　(b) 套筒挤压连接接头　　　　　(c) 锥螺纹套筒连接接头

图 1-5　钢筋的机械连接

1.5.3　焊接连接

纵向受力钢筋焊接连接的方法有闪光对焊、电渣压力焊等，如图 1-6 所示。根据《钢筋焊接及验收规程》（JGJ 18—2012）的规定，电渣压力焊只能用于柱、墙、构筑物等竖向构件的纵向钢筋的连接，不得用于梁、板等水平构件的纵向钢筋连接。

(a) 电渣压力焊　　　　　　　　　(b) 钢筋焊接接头

图 1-6　钢筋的焊接连接

【**例 1-6**】　假设：二级抗震下，抗震构件的钢筋直径为 14mm，种类为 HRB400，混凝土强度等级为 C30，纵向钢筋搭接接头面积百分率小于 25%，求该钢筋的绑扎搭接长度。

　　答：根据已知条件，查阅"受拉钢筋抗震锚固长度"表，可知 l_{aE}=40d，纵向钢筋搭接接头面积比例小于 25%，可知 ζ_l=1.2，即 l_{lE}=1.2l_{aE}=1.2×40d=48d。

思考与练习

1. 不同的钢筋类型用什么符号表示？

2. 钢筋算量的基本原理是什么？

3. 什么是钢筋的混凝土保护层厚度？

4. 什么是锚固长度？受拉钢筋的锚固长度如何确定？

5. 钢筋连接方式有哪些？

6. 什么是搭接长度？纵向受拉钢筋的搭接长度如何确定？

项目
2

柱的平法钢筋算量

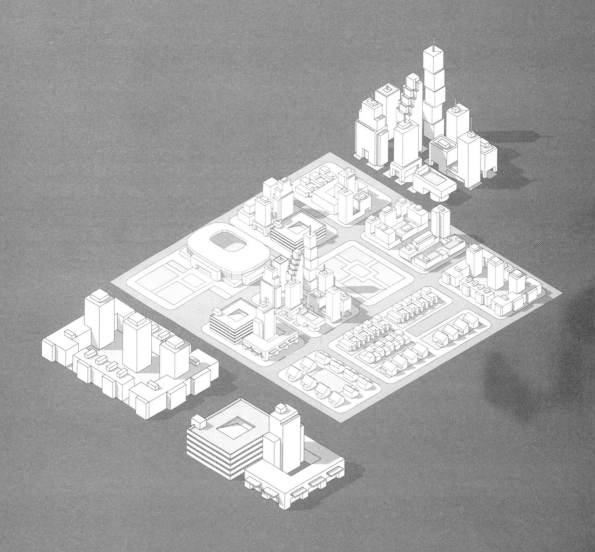

任务2.1

柱的钢筋分类

建议课时： 1课时。

知识目标： 掌握柱的钢筋种类及特征。

能力目标： 能分辨柱的钢筋类型。

思政目标： 坚韧不拔、信念如柱。

柱钢筋分类

柱的配筋是由纵筋与箍筋形成的钢筋骨架，如图 2-1（a）所示。柱的纵筋应采用较大直径的钢筋，如果同时用几种不同直径的钢筋，应将大直径的钢筋设置在骨架的四个角上即角筋，其余的纵筋为中部筋，如图 2-1（b）所示。

中部筋

角筋

(a) 柱的钢筋骨架　　　　　　　　(b) 角筋和中部筋

图 2-1　柱的钢筋

柱箍筋横向布置，其作用是：连接纵筋形成钢筋骨架，作为支点减少纵筋的纵向弯曲变形，承受柱的剪力，使柱截面核心内的混凝土受到横向约束而提高承载能力。因此，柱箍筋的间距不宜过大。在应力复杂和应力集中的部位，箍筋还需要加密布置，尤其是在抗震结构中，柱节点箍筋加密，是提高结构后期抗变形能力的一种有效方法。

柱钢筋工程量计算的组成内容见图 2-2。

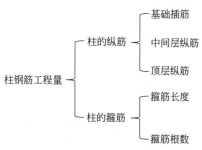

图 2-2　柱钢筋工程量计算的组成内容

任务2.2
柱的平法识图

建议课时：2课时。
知识目标：掌握柱的平法施工图的注写方法。
能力目标：能识读柱的平法施工图信息。
思政目标：严谨细致、匠心精神。

截面注写

列表注写

柱的平法施工图是在柱平面布置图上采用截面注写方式或列表注写方式表达。柱平面布置图可采用适当比例单独绘制，也可与剪力墙平面布置图合并绘制。

如图2-3所示，在柱的平法施工图中，应按规定注明各结构层的楼面标高、结构层高及相应的结构层号，尚应注明上部结构嵌固部位位置。上部结构嵌固部位的注写：

① 框架柱嵌固部位在基础顶面时，无须注明；

② 框架柱嵌固部位不在基础顶面时，在层高表嵌固部位标高下使用双细线注明，并在层高表下注明上部结构嵌固部位标高；

③ 框架柱嵌固部位不在地下室顶板，但仍需考虑地下室顶板对上部结构实际存在嵌固作用时，可在层高表中地下室顶板标高下使用双虚线注明，此时首层柱箍筋加密区长度范围及纵筋连接位置均按嵌固部位要求设置。

2.2.1　柱的截面注写

如图2-3所示，截面注写方式是在柱平面布置图的柱截面上，分别在同一编号的柱中选择一个截面，以直接注写截面尺寸和配筋具体数值的方式来表达柱平法施工图。在平面图上，可以看到结构层高表，表中注明本工程的各结构层楼面标高和层高，在表中用粗实线注明本柱平面图所对应的楼层。

柱的截面图由集中标注与原位标注组成。

2.2.1.1　集中标注包括的信息

（1）柱编号

柱编号由类型代号和序号组成，应符合表2-1的规定。

表2-1　柱编号

柱的类型	类型代号	序号
框架柱	KZ	××
转换柱	ZHZ	××
芯柱	XZ	××
梁上柱	LZ	××
剪力墙上柱	QZ	××

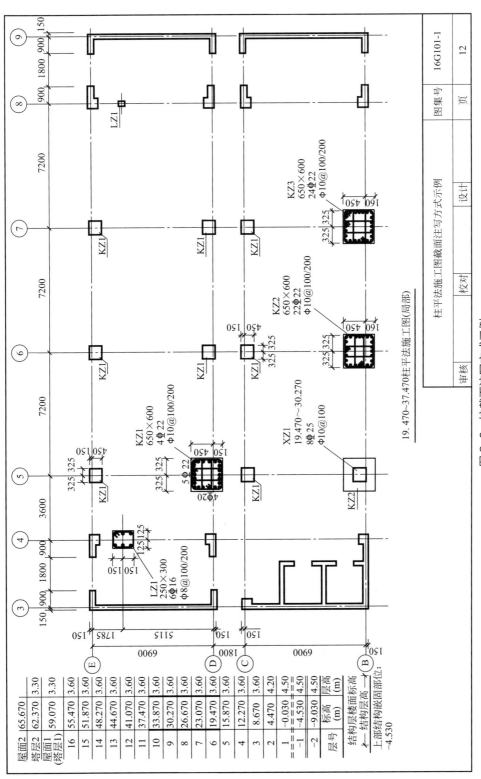

图2-3　柱截面注写方式示例

（2）柱截面尺寸

矩形截面尺寸用 $b \times h$ 表示，如圆形柱截面尺寸可由"d"打头注写圆形柱直径。

（3）柱的钢筋信息

柱的钢筋信息包括柱的纵筋和箍筋信息。注意：当柱中部筋与角筋直径相同时，可合并写在集中标注中（例如图 2-3 中的 KZ2）；当两者直径不同时，则集中标注只注写角筋信息（例如图 2-3 中的 KZ1）。

2.2.1.2　原位标注包括的信息

（1）柱截面与轴线的关系

用 b_1、b_2、h_1、h_2 表示柱与轴线的位置关系。

（2）柱的钢筋信息

当柱中部筋与角筋直径不同时，则中部筋需在原位标注中注写。例如图 2-3 中的 KZ1，集中标注写明角筋信息，原位标注写明中部筋信息（对称排布的纵筋，只需注写一侧）。此外，箍筋的复合类型及箍筋肢数在柱截面中直接画出。

2.2.2　柱的列表注写

列表注写方式是在柱平面布置图上，分别在同一编号的柱中选择一个（有时需要选择几个）截面标注几何参数代号；在柱表中注写柱编号、柱段起止标高、几何尺寸（含柱截面对轴线的偏心情况）与配筋的具体数值，并配以各种柱截面形状及其箍筋类型图的方式，来表达柱平法施工图，如图 2-4 所示。

纵筋标注需注意：

① 如果角筋和中部筋的信息一致，则总数填入"全部纵筋"一栏，"角筋""b 边一侧中部筋""h 边一侧中部筋"不填；

② 如果角筋和中部筋的信息一致，则分别填入"角筋""b 边一侧中部筋""h 边一侧中部筋"，"全部纵筋"一栏不填。

箍筋类型号包括以下内容。

① 类型：在列表注写法中需在箍筋固定类型的 1 ~ 7 种中选择一种，填在柱表中。

② 肢数：箍筋一般由矩形封闭状的钢筋制成。肢数是指剖面内箍筋的纵、横向钢筋向数（$M \times N$，即列 × 行，具体形式见 16G101-1 图集第 70 页）。

【例 2-1】 根据表 2-2 绘制 KZ1、KZ2 的柱截面图。

表 2-2　柱表

柱号	$b \times h$	b_1	b_2	h_1	h_2	全部纵筋	角筋	b 边一侧中部筋	h 边一侧中部筋	箍筋类型号	箍筋
KZ1	750×700	375	375	150	550	24 Φ 25				1（5×4）	Φ10@100/200
KZ2	650×600	325	325	300	300		4b22	5b22	5b20	1（4×4）	Φ10@100/200

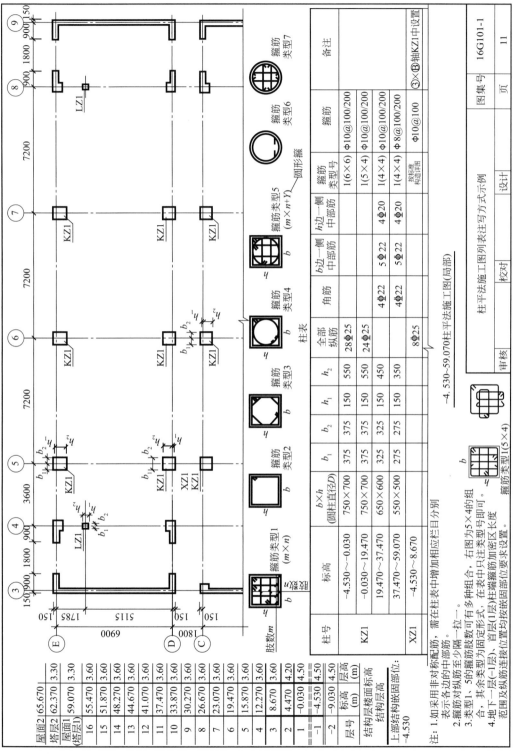

图 2-4　柱列表注写方式示例

答案：KZ1 和 KZ2 柱截面图分别如图 2-5、图 2-6 所示。

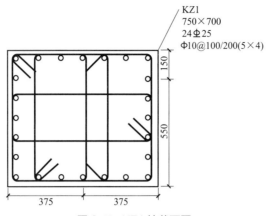

图 2-5 KZ1 柱截面图

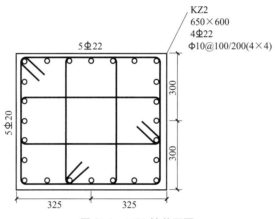

图 2-6 KZ2 柱截面图

任务2.3
柱的基础插筋计算

建议课时：2课时。

知识目标：掌握柱基础插筋的构造。

能力目标：能计算柱基础插筋工程量。

思政目标：遵守规范、求真务实。

基础插筋
（基础内）

基础插筋
（基础外）

柱钢筋计算包括纵筋和箍筋两种类型。纵筋从基础延伸至柱顶，可分解为基础插筋、中间层纵筋、顶层纵筋，如图2-7所示。

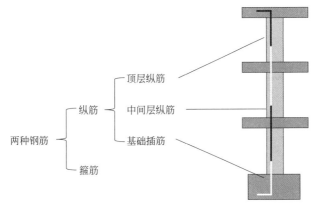

图2-7　柱钢筋计算分解

如图2-8所示，柱基础插筋 = 水平弯折长度 a + 基础内高度 h_1 + 非连接区（外露长度），当纵筋采用绑扎搭接时，还要再加上与上层钢筋搭接长度 l_{lE}（l_l）。

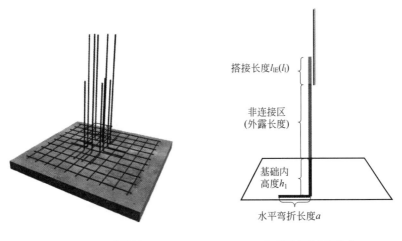

(a) 基础插筋三维模型　　　　　(b) 基础插筋长度组成

图2-8　柱的基础插筋

2.3.1 水平弯折长度

如图 2-9（a）和（b）所示，当基础高度满足直锚时，即基础厚度 $h_j >$ 锚固长度 l_{aE}，则水平弯折长度 $a=\max（6d，150）$。

如图 2-9（c）和（d）所示，当基础高度不满足直锚时，即基础厚度 $h_j \leqslant$ 锚固长度 l_{aE}，则按节点 1 规定，水平弯折长度 $a=15d$。

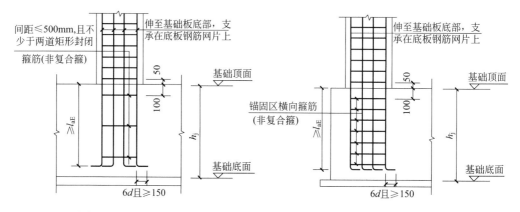

(a) 保护层厚度>5d；基础高度满足直锚   (b) 保护层厚度≤5d；基础高度满足直锚

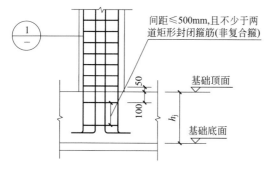
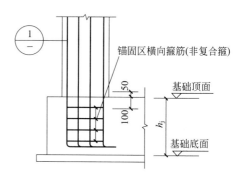

(c) 保护层厚度>5d；基础高度不满足直锚   (d) 保护层厚度≤5d；基础高度不满足直锚

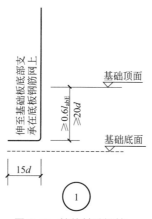

图 2-9　柱的基础插筋

2.3.2 基础内高度

基础内高度等于基础厚度 h_j 减去基础保护层厚度 C。

2.3.3 非连接区

如图 2-10 所示，当无地下室时，嵌固部位在基础顶面，则非连接区（外露长度）纵筋长度 $=H_n/3$，其中 H_n 为所在楼层的柱净高，即 H_n= 柱高 − 梁高。

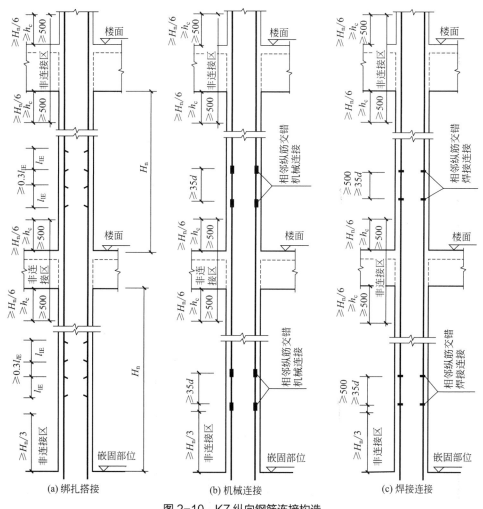

图 2-10 KZ 纵向钢筋连接构造

如 2-11 所示，当有地下室时，嵌固部位在一层地面（以图纸标注为准），则非连接区纵筋长度 $=\max(H_n/6, h_c, 500)$，其中 h_c 为柱截面长边尺寸（圆柱为截面直径）。

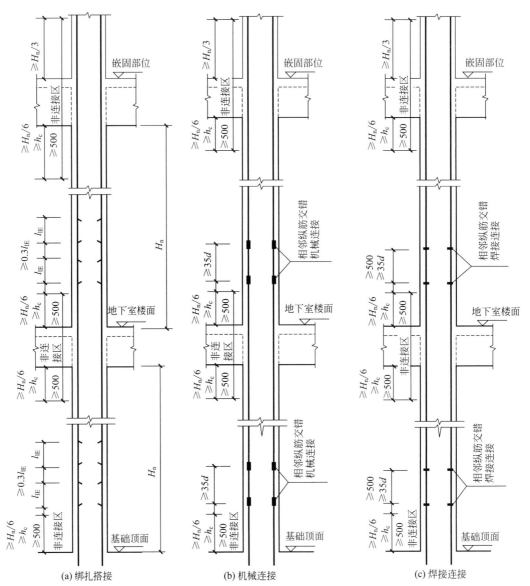

图 2-11　地下室 KZ 的纵向钢筋连接构造

2.3.4　上层钢筋搭接长度

柱纵筋的连接方式以图纸结构设计说明为准，当采用绑扎连接时，需计算上层钢筋搭接长度 l_{lE}（l_l），当采用机械或焊接连接时无须计算。

【例 2-2】　已知计算参数：①抗震等级为三级；②混凝土强度等级为 C30；③柱钢筋采用机械连接；④基础保护层为 40mm。请计算图 2-12 中 KZ1 的基础插筋的单根长度。

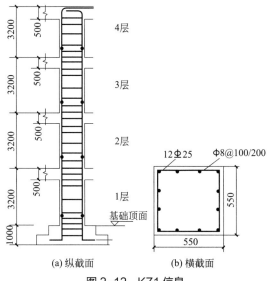

图 2-12 KZ1 信息

答：基础高度 h_j=1000mm>l_{aE}=30d=750mm，基础高度满足直锚，水平弯折长度 a=max（6d，150）=150mm，基础内高度 h_1=1000−40=960（mm），非连接区长度 H_n/3=(3200−500)/3=900(mm)，基础插筋长度 L=150+960+900=2010（mm）。

任务2.4

柱的中间层纵筋计算

建议课时：2课时。

知识目标：掌握柱中间层纵筋的构造。

能力目标：能计算柱中间层纵筋工程量。

思政目标：活学活用、融会贯通。

首层柱纵筋长度

地下室柱纵筋长度

二层及柱纵筋

中间层柱纵筋长度 = 本层柱高 − 本层非连接区 + 伸入上层非连接区 + （搭接长度 l_{IE}）

注：底层柱高从基础顶开始计算，在计算底层柱纵筋时需留意有无地下室。

2.4.1　当无地下室时

基础顶面为嵌固部位，基顶非连接区长度 =$H_n/3$，则底层纵筋长度 = 底层柱高 − 基顶非连接区 $H_n/3$+ 上层非连接区 $\max$（$H_n/6$，h_c，500）+ 搭接长度 l_{IE}。

2.4.2　当有地下室时

基础顶面为非嵌固部位时，基顶非连接区长度 =$\max$（$H_n/6$，h_c，500），则底层纵筋长度 = 底层柱高 − 基顶非连接区 $\max$（$H_n/6$，h_c，500）+ 上层非连接区 $H_n/3$+ 搭接长度 l_{IE}。

【例 2-3】已知条件：①抗震等级为三级；②混凝土强度等级为 C30；③柱钢筋采用机械连接。请计算图 2-13 中 KZ1 的中间层纵筋长度。

答：无地下室，嵌固部位为基础顶。基顶非连接区 =$1/3H_n$=$1/3 \times$（3200−500）=900（mm）；二层非连接区域 =$\max$（$1/6H_n$，h_c，500）=550（mm），则一层纵筋长度 L_1=3200−900+550=2850（mm）；二层和三层柱纵筋长度相同，L_2=L_3=3200−550+550=3200（mm）。

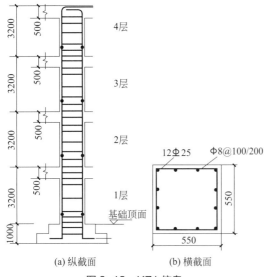

图 2-13　KZ1 信息

任务2.5	**建议课时：** 2课时。	
柱变截面和柱变钢筋计算	**知识目标：** 掌握变截面和变钢筋时的柱钢筋构造。	
	能力目标： 能计算变截面和变钢筋时柱的钢筋工程量。	柱变截面 柱变钢筋（根数不同） 柱变钢筋（直径不同）
	思政目标： 思维活跃、举一反三。	

在柱的某个位置可能会发生变截面和变钢筋的情况，从而影响柱纵筋的工程量计算。

2.5.1 柱变截面

参考16G101-1图集第68页，可查看柱变截面时的纵筋构造，如图2-14所示。

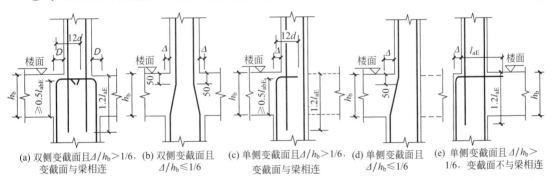

(a) 双侧变截面且$\Delta/h_b > 1/6$，变截面与梁相连　(b) 双侧变截面且$\Delta/h_b \leqslant 1/6$　(c) 单侧变截面且$\Delta/h_b > 1/6$，变截面与梁相连　(d) 单侧变截面且$\Delta/h_b \leqslant 1/6$　(e) 单侧变截面且$\Delta/h_b > 1/6$，变截面不与梁相连

图2-14 柱变截面时的纵筋构造

由图2-14可知，柱纵筋在变截面处可归纳为以下几种情况。

① 当$\Delta/h_b \leqslant 1/6$时，柱纵筋采取直通构造。

② 当$\Delta/h_b > 1/6$时，柱纵筋采取非直通构造，具体见表2-3。

表2-3 变截面时柱纵筋构造及计算

条件	柱纵筋构造	柱纵筋计算
$\Delta/h_b \leqslant 1/6$ 时	下柱纵筋可连续通到上柱	忽略变截面导致的纵向钢筋长度变化，计算不变
$\Delta/h_b > 1/6$ 时且变截面与梁相连		柱变截面下层纵筋长度 = 本层层高 − 本层下部非连接区 − 梁上部保护层 + 12d 柱变截面上层插筋长度 = 伸入下层的长度（1.2l_{aE}）+ 本层非连接区长度 + 搭接长度（机械或焊接连接为0）

续表

条件	柱纵筋构造	柱纵筋计算
$\Delta/h_b > 1/6$ 时且变截面不与梁相连		柱变截面下层纵筋长度 = 本层层高 - 本层下部非连接区 - 梁上部保护层 $+\Delta -$ 柱侧面保护层 $+l_{aE}$ 柱变截面上层插筋长度 = 伸入下层的长度（$1.2l_{aE}$）+ 本层非连接区长度 + 搭接长度（机械或焊接连接为 0）

2.5.2 柱变钢筋

若同一柱发生了纵筋变化，其纵筋构造可参考 16G101 系列图集第 63 页，如图 2-15 所示。

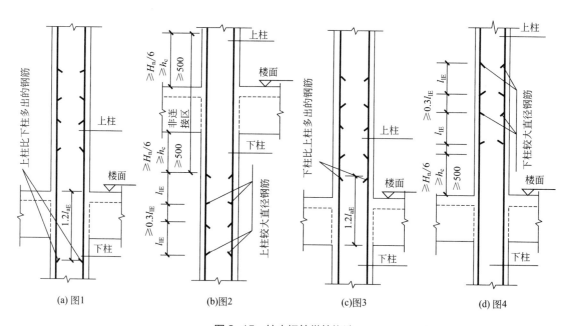

图 2-15 柱变钢筋纵筋构造

由图 2-15 可知，当柱发生变钢筋时可分为四种情况，具体构造要求见表 2-4。

表 2-4　变钢筋时柱纵筋的构造要求

类型	节点	构造要求
上层柱纵筋比下层柱纵筋的根数多	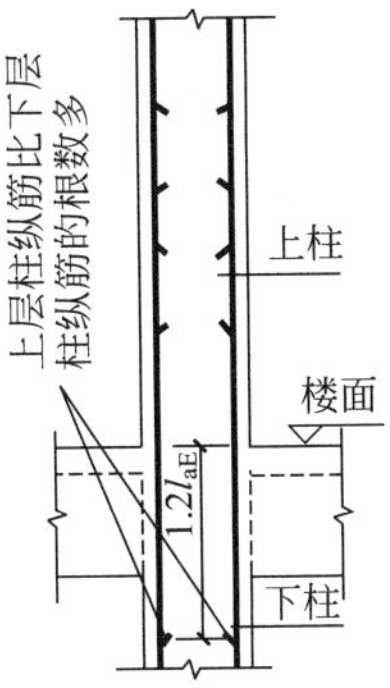	上层柱多出的钢筋自梁顶起算伸入下层 $1.2l_{aE}$，即上层插筋
下层柱纵筋比上层柱纵筋的根数多	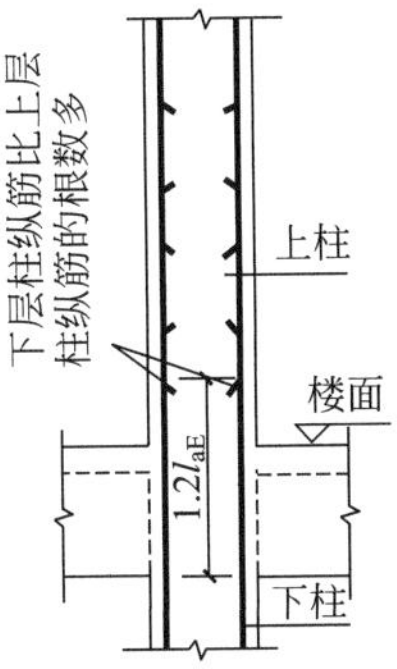	下层柱多出的钢筋应自梁底起算伸入上层 $1.2l_{aE}$
上层柱纵筋比下层柱纵筋的直径大	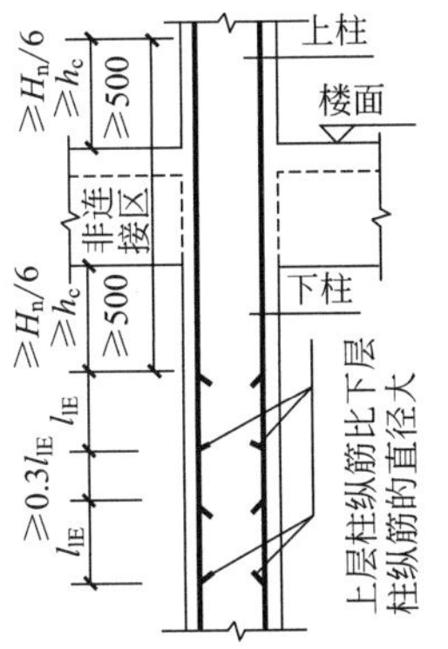	（1）上层大直径的钢筋伸入本层，穿过本层的上部非连接区域与下层小直径的钢筋连接 （2）由于一层不允许两次连接，因此由下层钢筋直接伸到本层上部，与上层伸下来的大直径钢筋连接
下层柱纵筋比上层柱纵筋的直径大	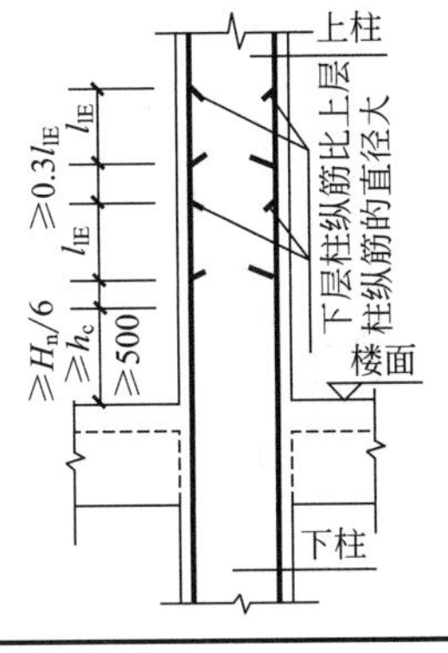	构造要求：正常连接，无变化

柱顶内侧纵
筋计算

柱顶外侧纵
筋计算

任务2.6

柱的顶层纵筋计算

建议课时： 2课时。

知识目标： 掌握柱的顶层纵筋构造。

能力目标： 能计算柱顶层纵筋工程量。

思政目标： 精益求精、严谨细致。

要计算柱顶层纵筋，首先要根据柱所在位置不同，判断中柱、边柱、角柱，如图 2-16 所示。

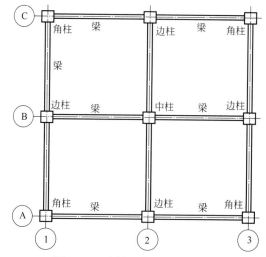

图 2-16　中柱、边柱、角柱示意

柱在建筑结构中所处的位置不同，其纵筋在柱顶的锚固方式也不相同。如图 2-17 所示，其中中柱的顶层纵筋均为内侧纵筋，全部锚入梁或板内。但边柱和角柱则根据钢筋所处的位置不同，分为外侧钢筋和内侧钢筋，由于内侧钢筋和外侧钢筋的构造不同，需分别计算。

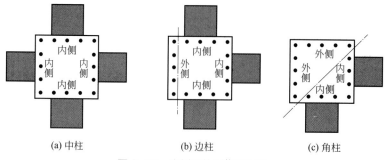

(a) 中柱　　　　　(b) 边柱　　　　　(c) 角柱

图 2-17　内侧和外侧纵筋示意

如图 2-17 所示，中柱全部 16 根纵筋均为内侧钢筋；按照图中虚线分割，边柱有 5 根外侧钢筋，剩余 11 根为内侧钢筋；角柱有 9 根外侧钢筋，剩余 7 根为内侧钢筋。值得注意的是，内外侧相交的角筋归为外侧钢筋。

2.6.1 中柱柱顶纵筋计算

中柱顶层纵筋计算可参考 16G101-1 图集第 68 页，分四种钢筋构造，如图 2-18 所示。

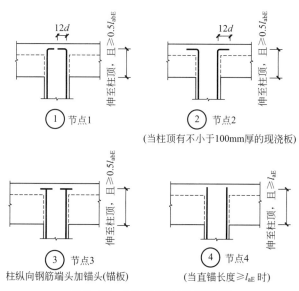

图 2-18 中柱柱顶纵向钢筋构造

归纳起来，中柱顶层纵筋（即内侧钢筋）的锚固可分为直锚和弯锚，计算时需要先判断采用哪一种锚固方式，其计算如图 2-19 所示。

当梁高 - 保护层 $\geq l_{aE}$ 时，则直锚。纵筋长度（直锚）= 顶层层高 - 顶层底部非连接区 max（$H_n/6$，h_c，500）- 保护层厚度 C。

当梁高 - 保护层 $< l_{aE}$ 时，则弯锚。纵筋长度（直锚）= 顶层层高 - 顶层底部非连接区 max（$H_n/6$，h_c，500）- 保护层厚度 $C+12d$。

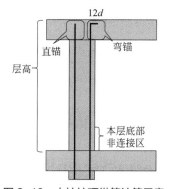

图 2-19 中柱柱顶纵筋计算示意

【例 2-4】 已知条件：①抗震等级为三级；② KZ1 为中柱；③混凝土强度等级为 C30；④柱钢筋采用机械连接；⑤柱梁保护层厚度为 30mm。请计算图 2-20 中柱 KZ1 的顶层纵筋长度。

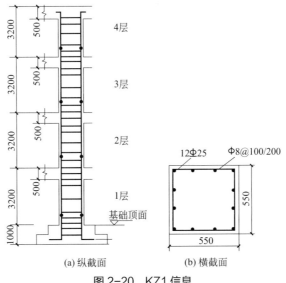

(a) 纵截面   (b) 横截面

图 2-20   KZ1 信息

答： 梁高 500-30=470<l_{aE}=30d=750（mm），需弯锚。

顶层纵筋长度 = 顶层层高-当前层非连接区-混凝土保护层厚度 C+12d=3200-max（H_n/6，h_c，500）-30+12×25=2920（mm）。

2.6.2   边角柱顶纵筋计算

边柱及角柱的顶层纵筋计算需区分内侧和外侧钢筋。边柱与角柱内侧钢筋的计算与中柱相同。外侧钢筋可参照 16G101-1 图集第 67 页。外侧钢筋的构造可分为 5 个节点，如表 2-5 所示。

表 2-5   KZ 边柱和角柱柱顶外侧纵向钢筋构造说明

节点	节点大样图	节点说明
节点①	在柱宽范围的柱箍筋内侧设置间距≤150mm，但不少于3根直径不小于10mm的角部附加钢筋 柱外侧纵向钢筋直径不小于梁上部钢筋时，可弯入梁内作梁上部纵向钢筋 钢筋直径不小于10mm 柱内侧纵筋同中柱柱顶纵向钢筋构造，见16G101-1图集第68页 柱筋作为梁上部钢筋使用	当柱的外侧纵筋直径不小于梁上部钢筋时，可将柱外侧钢筋弯入梁内作为梁上部钢筋使用，且在柱宽范围内布置角部附加钢筋

续表

节点	节点大样图	节点说明
节点②	柱外侧纵向钢筋配筋率＞1.2%时分两批截断　≥1.5l_{abE}　≥20d　≥1.5d　梁底　梁上部纵筋　柱内侧纵筋同中柱柱顶纵向钢筋构造，见16G101-1图集第68页　从梁底算起1.5l_{abE}超过柱内侧边缘	该节点特征是柱顶外侧钢筋从梁底算起1.5l_{abE}超过柱内侧边缘。即当1.5l_{abE}＞梁高H_b-保护层厚度C+柱宽（沿框架方向）H_c-保护层厚度C时，柱外侧纵筋长度=顶层层高-顶层底部非连接区-梁高h_b+1.5l_{abE}
节点③	柱外侧纵向钢筋配筋率＞1.2%时分两批截断　≥1.5l_{abE}　≥20d　≥1.5d　≥1.5d　梁底　梁上部纵筋　柱内侧纵筋同中柱柱顶纵向钢筋构造，见16G101-1图集第68页　从梁底算起1.5l_{abE}未超过柱内侧边缘	该节点特征是柱顶外侧钢筋从梁底算起1.5l_{abE}未超过柱内侧边缘，则要求外侧钢筋在柱顶水平弯折长度至少满足15d。即当1.5l_{abE}≤梁高H_b-保护层厚度C+柱宽（沿框架方向）H_c-保护层厚度C时，柱外侧纵筋长度=顶层层高-顶层底部非连接区-梁高H_b+max（1.5l_{abE}，h_b-c+15d）
节点④	柱顶第一层钢筋伸至柱内边向下弯折8d　柱顶第二层钢筋伸至柱内边　8d　柱内侧纵筋同中柱柱顶纵向钢筋构造，见16G101-1图集第68页（用于节点①、②或③未伸入梁内的柱外侧钢筋锚固）　当现浇板厚度不小于100mm时，也可按节点②方式伸入板内锚固，且伸入板内长度不宜小于15d	节点④配合节点①、②或③使用，不应单独使用。节点④用于节点①、②或③中未伸入梁内的柱外侧钢筋锚固。注：伸入梁内的柱外侧纵筋不宜少于柱外侧全部纵筋面积的65%。可选择②+④或③+④或①+②+④或①+③+④的做法。 　柱顶第一层钢筋伸至柱内边向下弯折8d，则柱外侧纵筋长度=顶层层高-顶层层非连接区-保护层厚度C+柱宽-2×保护层厚度C+8d 　柱顶第二层钢筋伸至柱内边截断，则柱外侧纵筋长度=顶层层高-顶层层非连接区-保护层厚度C+柱宽-2×保护层厚度C
节点⑤	梁上部纵筋　≥1.7l_{abE}且伸至梁底　梁底　柱内侧纵筋同中柱柱顶纵向钢筋构造，见16G101-1图集第68页　≥20d　梁上部纵向钢筋配筋率＞1.2%时，应分两批截断。当梁上部纵向钢筋为两排时，先断第二排钢筋　梁、柱纵向钢筋搭接接头沿节点外侧直线布置	节点⑤用于梁、柱纵向钢筋接头沿节点柱外侧直线布置的情况，可与节点①组合使用 　梁的上部纵筋伸入柱内弯折长度≥1.7l_{abE}，此时柱外侧纵筋伸至柱顶截断 　柱外侧纵筋长度=顶层层高-顶层非连接区-保护层厚度C

【例 2-5】 已知条件：①抗震等级为三级；② KZ2 为边柱；③混凝土强度等级为 C25；④柱钢筋采用机械连接；⑤柱梁保护层厚度为 30mm。请计算图 2-21 中柱 KZ1 的顶层纵筋长度。

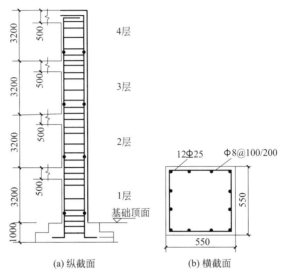

图 2-21　KZ2 信息

答： KZ2 为边柱，则有 4 根外侧钢筋，8 根内侧钢筋。

4 根外侧钢筋中 65% 以上（即 3 根）采用节点②或节点③构造。

由于 $1.5l_{abE}=1.5\times30\times25=1125$（mm）$>h_b-C+h_c-C=500-30+550-30=990$（mm），可见柱顶外侧钢筋从梁底算起 $1.5l_{abE}$ 超过柱内侧边缘。因此采用节点②构造。

此时节点②外侧纵筋长度 $L=$ 顶层层高 − 顶层非连接区 − 梁高 $h_b+1.5l_{abE}$

$=3200-max（H_n/6，h_c，500）-500+1.5l_{abE}=3200-550-500+1.5\times30\times25=3275$（mm）。

4 根外侧钢筋中剩余的 1 根纵筋采用节点④构造。

此时节点④外侧纵筋长度 = 顶层层高 − 顶层非连接区 − 保护层厚度 $C+$ 柱宽 $-2\times$ 保护层厚度 $C+8d=3200-max（H_n/6，h_c，500）-30+550-2\times30+8\times25=3310$（mm）。

KZ2 中其余 8 根内侧钢筋的计算同中柱 KZ1，单根长度为 2920mm。

注意：柱纵筋长度除了分层计算外，在实际工作中也可以直接贯通计算。例如本章案例中柱 KZ1，采用机械连接，分别计算了基础插筋、一层、二层、三层、顶层的纵筋长度，汇总得到纵筋单根长度 $=2010+2850+3200+3200+2920=14180$（mm）。

如果直接贯通计算，只需要判断基础插筋和柱顶纵筋的锚固方式即可。

KZ1 纵筋单根长度 = 柱总高 + 基础厚度 − 基础保护层厚度 + 基础内水平弯折 − 柱顶保护层厚度 $+12d=3200\times4+1000-40+150-30+12\times25=14180$（mm）。

结果可见，两种方式计算结果一致。

任务2.7 柱的箍筋长度计算

建议课时： 1课时。

知识目标： 掌握柱的箍筋长度的计算方法。

能力目标： 能计算柱的箍筋长度。

思政目标： 认真细致、求真务实。

大箍筋长度计算   小箍筋长度计算

柱的箍筋可分为复合箍筋和非复合箍筋。非复合箍筋是指只有截面外圈的环箍。复合箍筋是指混凝土结构构件纵轴方向同一截面内按一定间距配置两种或两种以上形式共同组成的箍筋，如图 2-22 所示。

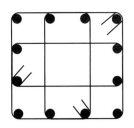 

(a) 复合箍筋   (b) 非复合箍筋

图 2-22 柱的箍筋类型

柱的箍筋长度计算，可分为大箍筋、小箍筋、单肢筋三种类型，见表 2-6。

表 2-6 柱箍筋长度计算方法

箍筋类型		计算方法
	1 号大箍筋	$L_1=2（b-2C+h-2C）+2\times\max（11.9d，75+1.9d）$
	2 号小箍筋	$L_2=（h-2C）\times2+2\times\max（11.9d，75+1.9d）+[（b-2C-2d-D）/（N_b-1）\times j+D+2d]\times2$
	3 号小箍筋	$L_3=（b-2C）\times2+2\times\max（11.9d，75+1.9d）+[（h-2C-2d-D）/（N_h-1）\times j+D+2d]\times2$
	4 号单肢箍筋	$L_4=h-2C+2\times\max（11.9d，75+1.9d）$

注：C—保护层厚度；b—柱截面 b 边尺寸；h—柱截面 h 边尺寸；d—箍筋直径；D—角筋直径；N_b—b 边纵筋根数；N_h—h 边纵筋根数；j—小箍筋短边所占间距数。

【例 2-6】 KZ1 信息如图 2-23 所示，已知条件：柱的混凝土保护层为 25mm。请计算复合箍中四种箍筋的长度。

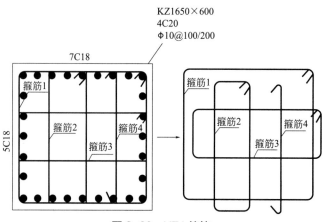

图 2-23　KZ1 箍筋

答：1 号箍筋长度 =2×（650-50+600-50）+2×max（11.9×10，75+1.9×10）=2538（mm）。

2 号 箍 筋 长 度 =2×（600-50）+2 ×max（11.9×10，75+1.9×10）+[（650-50-2×10-20）/8×2+20+2×10]×2=1698（mm）。

3 号 箍 筋 长 度 =2×（650-50）+2×max（11.9×10，75+1.9×10）+[（600-50-2×10-20）/6×2+20+2×10]×2=1858（mm）。

4 号箍筋长度 =600-50+2×max（11.9×10，75+1.9×10）=788（mm）。

任务2.8

柱的箍筋根数计算

建议课时： 2课时。

知识目标： 掌握柱的箍筋根数计算方法。

能力目标： 能计算柱的箍筋根数。

思政目标： 规范标准、安全责任。

箍筋根数计算（基础内）　　箍筋根数计算（楼层内）

当柱采用抗震设计时，箍筋布置分为加密和非加密；当柱采用非抗震设计时，柱箍筋按等间距布置。柱的箍筋总根数由基础内的箍筋根数和各楼层的箍筋根数组成，因此计算柱箍筋时应分层计算。

2.8.1　基础内箍筋根数计算

基础内箍筋（非复合箍）仅起稳固作用，防止钢筋在混凝土浇筑时受到挠动，因此又称为附加箍筋。具体根数按设计说明，一般为2根。基础内的箍筋分布见图2-24。

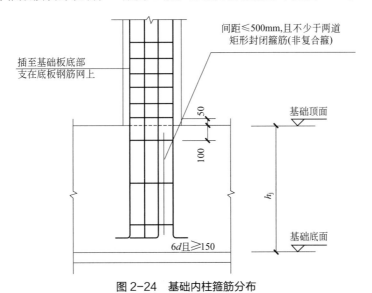

图2-24　基础内柱箍筋分布

如设计未说明，也可采用公式计算箍筋根数，即：

$$基础内箍筋根数 = \frac{基础高度h_j - 基础混凝土保护层厚度C - 100}{间距} + 1$$

注：①若间距未说明时可按500mm确定，计算结果不少于两根；

②计算结果若不为整数，则向上取整。

2.8.2 楼层内箍筋根数计算

楼层内箍筋分布应满足 16G101-1 图集第 65 页相关要求。

参见图 2-25，单个楼层内柱箍筋有两个加密区，下端加密区范围与柱纵筋在层底的非连接区高度取值一致，上端加密范围包括梁高（节点核心区）及梁下加密区，其加密区范围取值也与柱纵筋在层顶的非连接区高度取值一致。

柱箍筋在上下加密区内各有一个 50mm 的起步距离，在计算加密区范围时需要扣除。

非加密区处于楼层中间位置，其范围 = 层高 − 加密区范围。

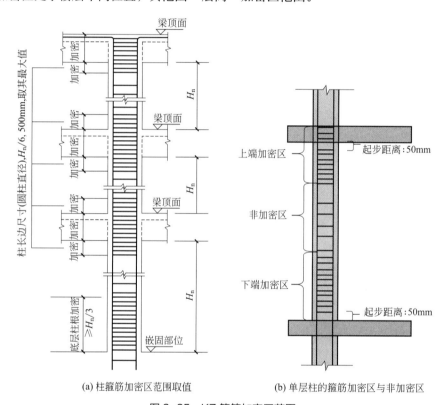

(a) 柱箍筋加密区范围取值   (b) 单层柱的箍筋加密区与非加密区

图 2-25 KZ 箍筋加密区范围

$$单层内箍筋根数 = \left(\frac{下端加密区 - 50}{加密间距} + 1\right) + \left(\frac{上端加密区 - 50}{加密间距} + 1\right) + \left(\frac{中间非加密区}{非加密区间距} - 1\right) + \frac{搭接加密区}{搭接加密区间距}$$

注意：① 箍筋根数计算结果若不为整数，则向上取整；

② 当柱纵筋采用绑扎搭接时，绑扎搭接部位（取 $2.3l_{lE}$）箍筋也要进行加密计算；

③ 下端加密取值要注意是否为嵌固部位，即判断按 $H_n/3$ 或 $\max(H_n/6,\ h_c,\ 500)$ 计算；

④ 上端加密区取值为梁高 $H_b + \max(H_n/6,\ h_c,\ 500)$。

【例 2-7】 KZ1 相关如图 2-26、表 2-7 所示，已知条件：柱钢筋采用机械连接，分别求

KZ1 在一层、二层、三层、四层的箍筋根数。

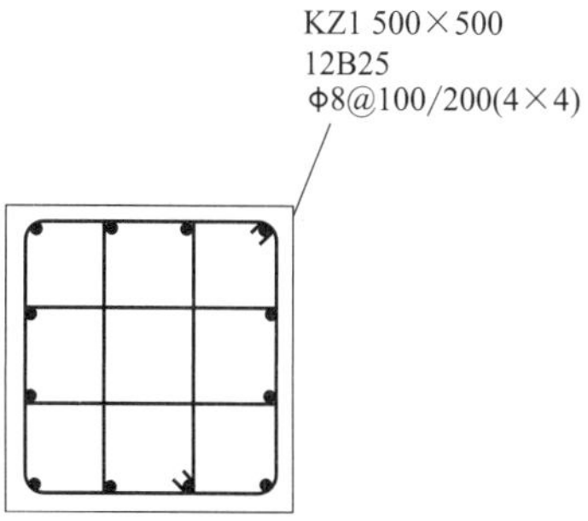

KZ1 500×500
12B25
Φ8@100/200(4×4)

图 2-26　KZ1 信息

表 2-7　楼层层高

层号	底标高 /m	层高 /m	顶梁高 /mm
4	13.44	3.6	600
3	9.24	4.2	600
2	4.74	4.5	600
1	-0.06	4.8	600
基础	基础顶标高 -0.06	基础厚 800mm	

答：第 1 层

下端加密区：$\dfrac{H_n}{3} = \dfrac{4800-600}{3} = 1400$，$N_下 = \dfrac{1400-50}{100} + 1 = 15$（根）。

上端加密区：$\max\left(\dfrac{4800-600}{6},\ 500,\ 500\right) = 700$，$N_上 = \dfrac{700+600-50}{100} + 1 = 14$（根）。

非加密区：$N_中 = \dfrac{4800-1400-600-700}{200} - 1 = 10$（根）。

第 1 层箍筋共：15+14+10=39（根）。

第 2 层

下端加密区：$\max\left(\dfrac{4500-600}{6},\ 500,\ 500\right) = 650$，$N_下 = \dfrac{650-50}{100} + 1 = 7$（根）。

上端加密区：$N_上 = \dfrac{650+600-50}{100} + 1 = 13$（根）。

非加密区：$N_中 = \dfrac{4500-650-600-650}{200} - 1 = 12$（根）。

第 2 层箍筋共：7+13+12=32（根）。

第 3 层

下端加密区：$\max\left(\dfrac{4200-600}{6},\ 500,\ 500\right) = 600$，$N_下 = \dfrac{600-50}{100} + 1 = 7$（根）。

上端加密区：$N_上 = \dfrac{600+600-50}{100} + 1 = 13$（根）。

非加密区：$N_中 = \dfrac{4200-600-600-600}{200} - 1 = 11$（根）。

第 3 层箍筋共：7+13+11=31（根）。

第 4 层

下端加密区：$\max\left(\dfrac{3600-600}{6},\ 500,\ 500\right) = 500$，$N_下 = \dfrac{500-50}{100} + 1 = 6$（根）。

上端加密区：$N_上 = \dfrac{500+600-50}{100} + 1 = 12$（根）。

非加密区：$N_中 = \dfrac{3600-500-600-500}{200} - 1 = 9$（根）。

第 4 层箍筋共：6+12+9=27（根）。

思考与练习 ?

已知：该建筑为四层，层高、顶标及梁高等信息如表2-8所列。工程抗震等级为三级，混凝土强度等级 C30，嵌固部位在基础顶面，柱钢筋连接方式为焊接，柱保护层厚度为 30mm，梁保护层厚度为 25mm，基础保护层厚度为 40mm。请计算图 2-27 中 KZ1（边柱）的钢筋工程量。

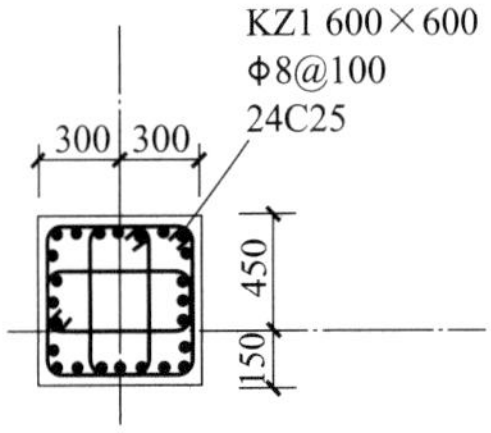

KZ1 600×600
Φ8@100
24C25

300　300

450　150

图 2-27　柱截面

表 2-8　楼层信息

层号	顶标高 /m	层高 /m	顶梁高 /mm
4	15.87	3.6	700
3	12.27	3.6	700
2	8.670	4.2	700
1	4.47	4.5	700
基础	-0.97	基础高 800	—

项目

3

梁的平法钢筋算量

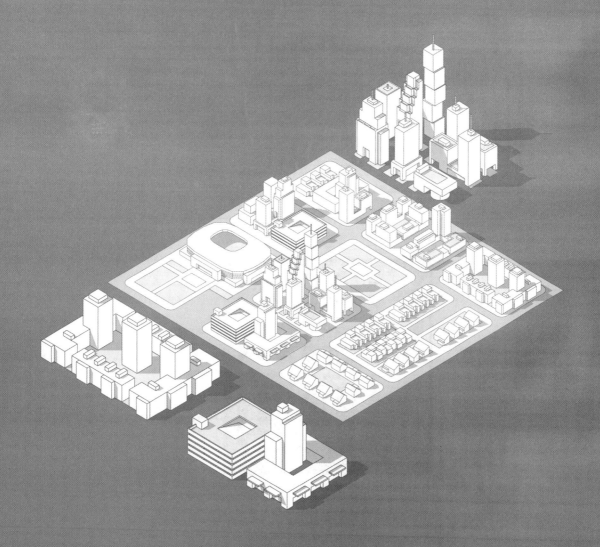

梁钢筋分类

任务3.1

梁的钢筋分类

建议课时：1课时。

知识目标：掌握梁的钢筋种类及特征。

能力目标：能分辨梁的钢筋类型。

思政目标：大厦栋梁、负重担当。

混凝土结构中的梁有多种类型，根据16G101-1图集中的规定，梁可以分为楼层框架梁、楼层框架扁梁、屋面框架梁、框支梁、托柱转换梁、非框架梁、悬挑梁、井字梁8种类型。其代号如表3-1所示。常见梁类型如图3-1所示。

表3-1　梁的种类及代号

梁的类型	代号
楼层框架梁	KL
楼层框架扁梁	KBL
屋面框架梁	WKL
框支梁	KZL
托柱转换梁	TZL
非框架梁	L
悬挑梁	XL
井字梁	JZL

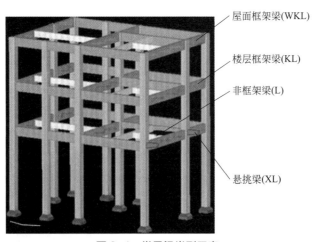

图3-1　常见梁类型示意

以楼层框架梁为例，梁内钢筋主要由纵筋、箍筋和附加钢筋组成，具体见图 3-2 和图 3-3。

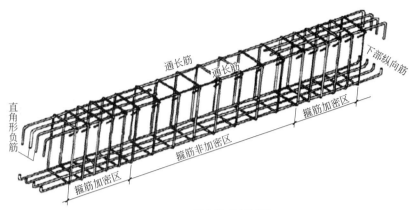

图 3-2　梁钢筋骨架示意

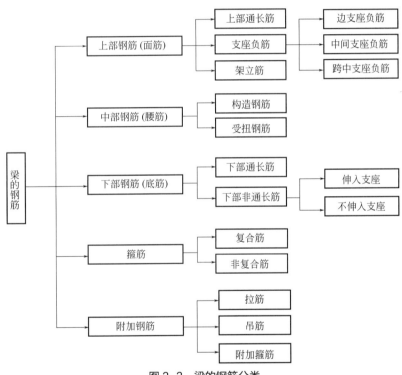

图 3-3　梁的钢筋分类

任务3.2

梁的平法识图

建议课时：4课时。

知识目标：掌握梁的平法施工图注写方法。

能力目标：能识读梁的平法施工图信息。

思政目标：严谨细致、匠心精神。

 集中标注

 原位标注

梁的平法施工图是在梁平面布置图上采用平面注写方式或截面注写方式的表达。梁的平面布置图应分别按梁的不同结构层（标准层），将全部梁和与其相关联的柱、墙、板一起采用适当比例绘制。在梁的平法施工图中，尚应按 16G101-1 图集相关规定注明各结构层的顶面标高及相应的结构层号。对于轴线未居中的梁，应标注其偏心定位尺寸（贴柱边的梁可不注写）。

3.2.1 梁的平面注写

平面注写方式是指在梁平面布置图上，分别在不同编号的梁中各选一根梁，在其上注写截面尺寸和配筋具体数值的方式来表达梁的平法施工图。

平面注写包括集中标注和原位标注，集中标注表达梁的通用数值，原位标注表达梁的特殊数值。当集中标注中的某项数值不适用于梁的某部位时，则将该项数值进行原位标注，如图3-4所示。

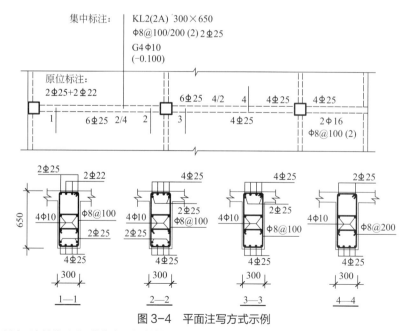

图 3-4 平面注写方式示例

注：图中四个梁截面采用传统表示方法绘制，用于对比按平面注写方式表达的相同内容。实际采用平面注写方式表达时，不需绘制梁截面配筋图和相应截面号

3.2.1.1　集中标注

如图 3-4 所示，集中标注从梁的任意一跨引出，其内容包括五项必注值和一项选注值。必注值为梁编号、梁截面尺寸、梁箍筋、梁上部通长筋或架立筋、梁侧面钢筋；选注值为梁顶面标高高差。

（1）梁编号

梁编号由梁类型代号、序号、跨数及有无悬挑代号几项组成，应符合表 3-2 的规定。

表 3-2　梁编号

梁的类型	代号	序号	跨数及是否带有悬挑
楼层框架梁	KL	××	（××）、（××A）或（××B）
楼层框架扁梁	KBL	××	（××）、（××A）或（××B）
屋面框架梁	WKL	××	（××）、（××A）或（××B）
框支梁	KZL	××	（××）、（××A）或（××B）
托柱转换梁	TZL	××	（××）、（××A）或（××B）
非框架梁	L	××	（××）、（××A）或（××B）
悬挑梁	XL	××	（××）、（××A）或（××B）
井字梁	JZL	××	（××）、（××A）或（××B）

注：① （××A）为一端有悬挑；（××B）为两端有悬挑，悬挑不计入跨数。

例如 KL1（2A）表示第 1 号框架梁，2 跨，一端有悬挑，如图 3-5 所示。

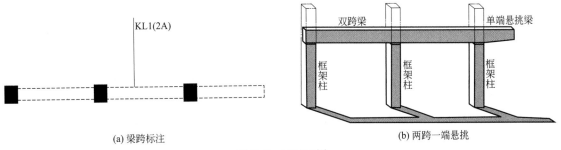

(a) 梁跨标注　　　　　　　　　　　　　　　　(b) 两跨一端悬挑

图 3-5　梁跨示例

② 楼层框架扁梁节点核心区代号 KBH。

③ 非框架梁 L、井字梁 JZL 表示端支座为铰接；当非框架梁 L、井字梁 JZL 端支座上部纵筋为充分利用钢筋的抗拉强度时，在梁代号后加 "g"。

例如 Lg7（5），表示第 7 号非框架梁，5 跨，端支座上部纵筋为充分利用钢筋的抗拉强度。

（2）梁截面尺寸

当为等截面梁时，截面尺寸用 $b×h$ 表示。

当为竖向加腋梁时，用 $b×h$　$Y c_1×c_2$ 表示，其中 c_1 为腋长，c_2 为腋高，如图 3-6 所示。

当为水平加腋梁时，一层加腋时用 $b \times h$　PY $c_1 \times c_2$ 表示，其中 c_1 为腋长，c_2 为腋高，加腋部位应在平面图中绘制，如图 3-7 所示。

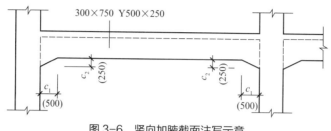

图 3-6　竖向加腋截面注写示意

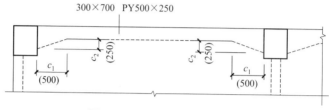

图 3-7　水平加腋截面注写示意

当为悬挑梁且根部和端部的高度不同时，可用斜线分割根部与端部的高度值，即为 $b \times h_1/h_2$。如图 3-8 所示。

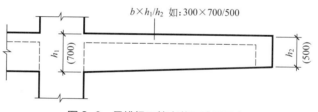

图 3-8　悬挑梁不等高截面注写示意

（3）梁箍筋

梁的箍筋信息包括钢筋级别、直径、加密区和非加密区间距及肢数。箍筋加密区和非加密区的不同间距及肢数用斜线"/"分割；当梁箍筋为同一种间距及肢数时，则不需用斜线；当加密区与非加密区的箍筋肢数相同时，则将肢数注写一次；箍筋肢数应写在括号内。加密区范围见相应抗震等级的标准构造详图。

例如 Φ10@100/200(4)，表示箍筋为 HPB300 钢筋，直径为 10mm，加密区间距为 100mm，非加密区间距为 200mm，均为四肢箍。

例如 Φ8@100(4)/150(2)，表示箍筋为 HPB300 钢筋，直径为 8mm，加密区间距为 100mm，非加密区间距为 200mm，四肢箍；非加密区间距为 150mm，两肢箍。

非框架梁、悬挑梁、井字梁采用不同的箍筋间距及肢数时，也用斜线"/"将其分隔开来。注写时，先注写梁支座端部的箍筋（包括箍筋的箍数、钢筋级别、直径、间距与肢数），在斜线后注写梁跨中部分的箍筋间距及肢数。

例如 13Φ10@150/200(4)，表示箍筋为 HPB300 钢筋，直径为 10mm；梁的两端各有 13 个四

肢箍，间距为 150mm；梁跨中部分间距为 200mm，四肢箍。

例如 18Φ12@150(4)/200(2)，表示箍筋为 HPB300 钢筋，直径为 12mm；梁的两端各有 18 个四肢箍，间距为 150mm；梁跨中部分，间距为 200mm，双肢箍。

（4）梁上部通长筋或架立筋

梁上部通长筋或架立筋配置（通长筋可为相同或不同直径采用搭接连接、机械连接或焊接的钢筋），所注规格与根数应根据结构受力要求及箍筋肢数等构造要求而定。当同排纵筋中既有通长筋又有架立筋时，应用加号"+"将通长筋和架立筋相连。注写时需将角部纵筋写在加号的前面，架立筋写在加号后面的括号内，以示不同直径及与通长筋的区别。当全部采用架立筋时，则将其写入括号内。

例如 2Φ22 用于双肢箍；2Φ22+（4Φ12）用于六肢箍，其中 2Φ22 为通长筋，4Φ12 为架立筋。

当梁的上部纵筋和下部纵筋为全跨相同，且多数跨配筋相同时，此项可加注下部纵筋的配筋值，用分号"；"将上部与下部纵筋的配筋值分隔开来，少数跨不同者，按 16G101 系列图集中的相关规定处理。

例如 3Φ22；3Φ20，表示梁的上部配置 3Φ22 的通长筋，梁下部配置 3Φ20 的通长筋。

（5）梁侧面钢筋

当梁腹板高度（梁除去与板重叠所剩下的部分）$h_w \geq 450mm$ 时，需配置纵向构造钢筋，所注规格与根数应符合规范规定。此项注写值以大写字母 G 开头，注写设置在梁两个侧面的总配筋值，且对称配置。

例如 G4Φ12，表示梁的两个侧面共配置 4Φ12 的纵向构造钢筋，每侧各配置 2Φ12。

当梁侧面需配置受扭纵向钢筋时，此项注写值以大写字母"N"开头，注写设置在梁两个侧面的总配筋值，且对称配置。受扭纵向钢筋应满足梁侧面纵向构造钢筋的间距要求，且不再重复配置纵向构造钢筋。

例如 N6Φ22，表示梁的两个侧面共配置 6Φ22 的受扭纵向钢筋，每侧各配置 3Φ22。

注：①当为梁侧面构造钢筋时，其搭接与锚固长度可取 15d；②当为梁侧面受扭纵向钢筋时，其搭接长度为 l_l 或 l_{lE}，锚固长度为 l_a 或 l_{aE}，其锚固方式同框架梁下部纵筋。

（6）梁顶面标高高差

梁顶面标高高差是指相对于结构层楼面标高的高差值，对于位于结构夹层的梁，则指相对于结构夹层楼面标高的高差。有高差时，需将其写入括号内，无高差时不注。

【例 3-1】 识读图 3-9 中梁的集中标注信息。

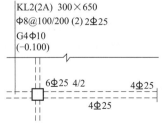

图 3-9 梁的尺寸及钢筋信息

答：图 3-9 中集中标注信息为：2 号框架梁，2 跨一端有悬挑，梁宽 300mm，梁高 650mm，箍筋为直径为 8mm 的 HPB300 级钢筋，加密区间距 100mm，非加密区间距 200mm，2 肢箍。上部通长筋为 2 根直径为 25mm 的 HRB335 级钢筋。侧面有 4 根构造钢筋，是直径为 10mm 的 HPB300 级钢筋。该梁比结构楼层标高低 0.1m。

3.2.1.2 原位标注

原位标注主要表达用于梁某一跨的设计数值或修正集中标注中不适用于本跨的内容。当与集中标注矛盾时，以原位标注优先。其内容规定如下。

（1）梁支座上部纵筋

当上部纵筋多于一排时，用斜线"/"将各排纵筋自上而下分开。

例如梁支座上部纵筋注写为 6Φ25 4/2，则表示上排纵筋为 4Φ25，下排纵筋为 2Φ25。

当同排纵筋有两种直径时，用加号"+"将两种直径的纵筋相连，注写时将角部纵筋写在前面。

例如梁支座上部有四根纵筋，2Φ25 放在角部，2Φ22 放在中部，在梁支座上部应注写为 2Φ25+2Φ22。

当梁中间支座两边的上部纵筋不同时，需在制作两边分别标注；当梁中间支座两边的上部纵筋相同时，可仅在支座的一边标注配筋值，另一边省去不注，如图 3-10 所示。

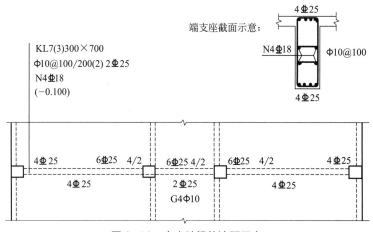

图 3-10　大小跨梁的注写示意

（2）梁支座下部纵筋

当下部纵筋多于一排时，用斜线"/"将各排纵筋自上而下分开。

例如梁下部纵筋注写为 6Φ25 2/4，则表示上排纵筋为 2Φ25，下排纵筋为 4Φ25，全部伸入支座。

当同排纵筋有两种直径时，用加号"+"将两种直径的纵筋相连，注写时将角部纵筋写在前面。

当梁下部纵筋不全部伸入支座时，将梁支座下部纵筋减少的数量写在括号内。

例如梁下部纵筋注写为 6Φ25 2(-2)/4，则表示上排纵筋为 2Φ25，且不伸入支座；下排纵筋为 4 Φ 25，全部伸入支座。

例如梁下部纵筋注写为 2 Φ 25+3 Φ 25(-3)/5 Φ 25，则表示上排纵筋为 2 Φ 25 和 3 Φ 25，其中 3 Φ 25 不伸入支座；下排纵筋为 5 Φ 25，全部伸入支座。

当梁的集中标注中已按 16G101 系列图集规定分别注写了梁上部和下部均为通长的纵筋值时，则不需在梁下部重复做原位标注。

当梁设置竖向加腋时，加腋部位下部斜纵筋应在支座下部以"Y"开头注写在括号内，16G101 系列图集中框架梁竖向加腋构造适用于加腋部位参与框架梁计算，其他情况设计者应另行给出构造。当梁设置水平加腋时，水平加腋内上、下部斜纵筋应在加腋支座上部以"Y"开头注写在括号内，上下部斜纵筋之间用"/"分隔。

（3）其他

当在梁上集中标注的内容（即梁截面尺寸、箍筋、上部通长筋或架立筋、梁侧面纵向构造钢筋或受扭纵向钢筋，以及梁顶面标高高差中某一项或几项数值）不适用于某跨或某悬挑部分时，则将其不同数值原位标注在该跨或该悬挑部位，施工时应按原位标注数值取值。

当在多跨梁的集中标注已经注明加腋，而该梁某跨的根部却不需要加腋时，则应在该跨原位标注等截面的 $b \times h$，以修正集中标注中的加腋信息，如图 3-11 和图 3-12 所示。

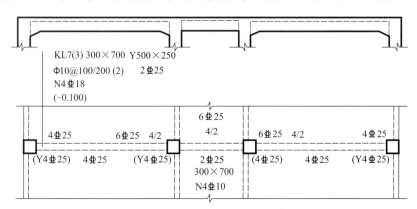

图 3-11 梁竖向加腋平面注写方式示例

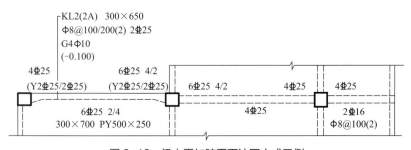

图 3-12 梁水平加腋平面注写方式示例

（4）附加箍筋或吊筋

将其直接画在平面图中的主梁上，用线引注总配筋值（附加箍筋的肢数注写在括号内），如图 3-13 所示。当多数附加箍筋或吊筋相同时，可在梁平法施工图上统一注明，少数与统一注明值不同时，再原位引注。

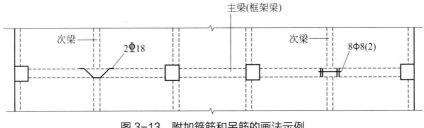

图 3-13　附加箍筋和吊筋的画法示例

3.2.2　梁的截面注写

截面注写方式是指在分标准层绘制的梁平面布置图上，分别在不同编号的梁中各选一根梁用剖面号引出配筋图，并在其上注写截面尺寸和配筋具体数值的方式来表达梁平法施工图，如图 3-14 所示。

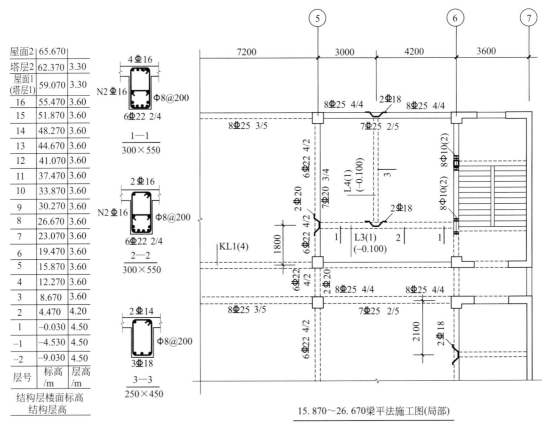

图 3-14　梁的平法施工图截面注写方式示例

对所有梁按 16G101 系列图集的规定进行编号，从相同编号的梁中选择一根梁，先将单边截面号画在该梁上，再将截面配筋详图画在本图或其他图上。当某梁的顶面标高与结构层的楼面标高不同时，尚应在其梁编号后注写梁顶面标高高差（注写规定与平面注写方式相同）。

在截面配筋详图上注写截面尺寸 $b×h$、上部筋、下部筋、侧面构造筋或受扭筋以及箍筋的具体数值时，其表达形式与平面注写方式相同。

对于框架扁梁尚需在截面详图上注写未穿过柱截面的纵向受力筋根数。对于框架扁梁节点核心区附加钢筋，需采用平、剖面表达节点核心区附加纵向钢筋、柱外核心区全部竖向拉筋以及端支座附加 U 形箍筋，注写其具体数值。

截面注写方式既可以单独使用，也可与平面注写方式结合使用。

任务3.3

梁的上部钢筋计算

建议课时： 2课时。

知识目标： 掌握梁上部钢筋的构造。

能力目标： 能计算梁上部钢筋工程量。

思政目标： 遵守规范、求真务实。

上部通长筋计算　　支座负筋计算　　架立筋计算

由于梁的种类不同，其钢筋构造也不相同。本书以最常见的框架梁为例，其纵向钢筋构造应满足图 3-15 的要求。框架梁的上部钢筋包括：上部通长筋、支座负筋以及架立筋。

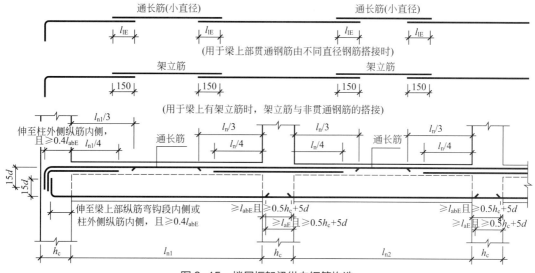

图 3-15　楼层框架梁纵向钢筋构造

3.3.1 上部通长筋

如图 3-16 所示，梁上部通长筋为贯通梁跨的上部纵筋。

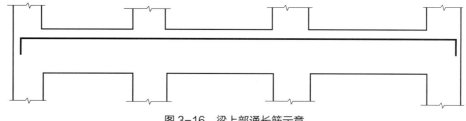

图 3-16　梁上部通长筋示意

上部通筋的长度计算公式为：

上部通长筋长度 = 左端支座锚固长度 + 总净跨长 + 右端支座锚固长度 +（搭接长度）

计算步骤如下。

① 计算上部通长筋的锚固长度 l_{aE}。

② 判断锚固方式，计算锚固长度。

若支座宽度 - 保护层 ≥ 锚固长度 l_{aE}，则直锚。此时钢筋伸入支座内不弯折，伸入支座内的锚固长度 = $\max(l_{aE}, 0.5h_c+5d)$，如图 3-17 所示。

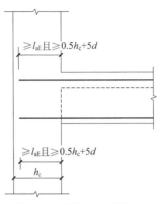

图 3-17 端支座直锚示意

若支座宽度 - 保护层 < 锚固长度 l_{aE}，则弯锚。此时钢筋伸入支座外侧边缘并向下弯折 $15d$，锚固长度 = 支座宽 h_c- 保护层厚度 C+15d，如图 3-15 所示。

③ 计算上部通长筋长度。

④ 计算钢筋接头数量。

$$钢筋接头数量 = \frac{上部通长筋长度}{定尺长度}（向上取整）-1$$

⑤ 计算包含搭接长度在内的上部通长筋单根长度（如上部通长筋采用绑扎搭接方式）。

【例 3-2】 已知条件：①抗震等级为三级；②混凝土强度等级为 C25；③梁纵筋常用绑扎搭接方式，同一区段搭接钢筋面积比例 ≤ 25%；④柱梁保护层为 30mm；⑤柱宽均为 400mm，轴线居中。请计算图 3-18 中 KL1 中上部通长筋的单根长度。

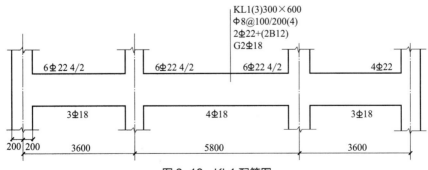

图 3-18 KL1 配筋图

答：$l_{aE}=35d=35×22=770(mm) > h_c-C=400-30=370(mm)$。

上部通长筋在两边端支座内弯锚，锚固长度 $=H_c-C+15d=400-30+15×22=700(mm)$。

上部通长筋长度 $L=3600×2+5800-400+700×2=14000(mm)$。

由于钢筋采用绑扎搭接方式，需计算搭接长度。

钢筋接头数量 $=14000/9000(向上取整)-1=1(个)$，$l_{lE}=42d=42×22=924(mm)$。

KL1 的上部通长筋单根长度 $=14000+924=14924(mm)$。

3.3.2　支座负筋

梁的支座负筋可分为端支座负筋、中间支座负筋和跨中支座负筋三种情况，如图 3-19 所示。

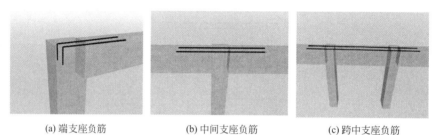

(a) 端支座负筋　　　　(b) 中间支座负筋　　　　(c) 跨中支座负筋

图 3-19　梁的支座负筋示例

3.3.2.1　端支座负筋

端支座负筋为不贯通梁跨，伸入梁跨内一部分后截断的上部纵筋，如图 3-20 所示。

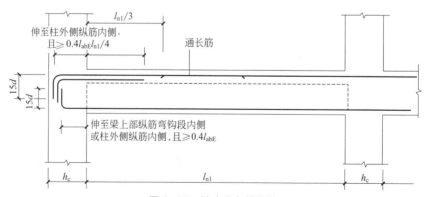

图 3-20　端支座负筋构造

端支座负筋的长度计算公式为：

第一排负筋长度 = 端支座内锚固长度 + 净跨值 $l_{n1}/3$

第二排负筋长度 = 端支座内锚固长度 + 净跨值 $l_{n1}/4$

注：负筋在端支座内的锚固长度计算与上部通长筋相同。

3.3.2.2　中间支座负筋

中间支座负筋为一根平直段钢筋，穿过支座向两侧跨内伸入相等的长度，如图 3-21 所示。

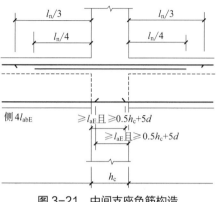

图 3-21　中间支座负筋构造

中间支座负筋的长度计算公式为：

$$第一排负筋长度 = 支座宽度 + \frac{净跨值 l_n}{3} \times 2$$

$$第二排负筋长度 = 支座宽度 + \frac{净跨值 l_n}{4} \times 2$$

注：净跨值 l_n 取左右相邻两跨净跨值中的较大值。

【例 3-3】　已知条件：①抗震等级为三级；②混凝土强度等级为 C25；③梁纵筋常用绑扎搭接方式，同一区段搭接钢筋面积比例 ≤ 25%；④柱梁保护层为 30mm；⑤柱宽均为 400mm，轴线居中。请计算图 3-22 中 KL1 中左边第一跨两端的负筋单根长度。

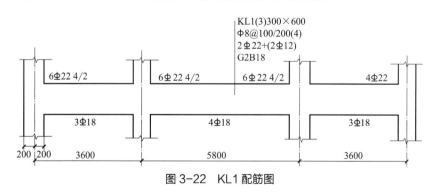

图 3-22　KL1 配筋图

答：（1）端支座负筋

$l_{aE}=35d=35 \times 22=770mm > h_c-C=400-30=370(mm)$，负筋在端支座判断为弯锚。

第一排负筋单根长度 $=H_c-C+15d+l_n/3=400-30+15 \times 22+(3600-400)/3=1767(mm)$

第二排负筋单根长度 $=H_c-C+15d+l_n/4=400-30+15×22+(3600-400)/4=1500(\text{mm})$

（2）中间支座负筋

相邻两跨中左边第一跨净跨值 $=3200\text{mm}$，第二跨净跨值 $=5400\text{mm}$，l_n 取较大值。

第一排负筋单根长度 $=2×l_n/3+400=2×5400/3+400=4000(\text{mm})$。

第二排负筋单根长度 $=2×l_n/4+400=2×5400/4+400=3100(\text{mm})$。

3.3.2.3　跨中支座负筋

若连续梁中出现短跨，且该短跨两边的支座都有负筋，当两边负筋伸入短跨的净长之和大于等于短跨的净跨值时，支座负筋可贯通通过，这种负筋为跨中支座负筋，如图 3-23 和图 3-24 所示。

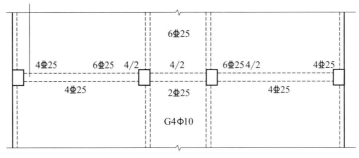

图 3-23　跨中支座负筋示例一

如图 3-24 所示，KL6 为三跨连续梁，中间为短跨，短跨两边支座上原位标注均为 3Φ20，结合集中标注中的上部通长筋 2Φ20，可知 4 轴和 5 轴的支座上各有一根负筋 1Φ20。如按上述中间支座负筋的公式计算长度时，发现两根负筋伸入短跨处的长度已重叠。这种情况下，可直接布置一根跨中支座负筋 1Φ20，即贯穿中间短跨并伸入第一跨和第三跨内，这样做既节约钢筋又方便施工。

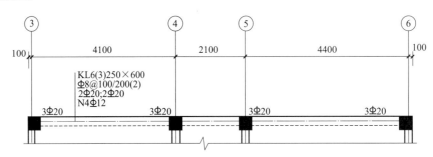

图 3-24　跨中支座负筋示例二

跨中支座箍筋的长度计算公式为：

第一排负筋长度 = 左边相邻净跨长 $l_n/3+$ 短跨及支座宽度 + 右边相邻净跨值 $l_{n+2}/3$

第二排负筋长度 = 左边相邻净跨长 $l_n/4+$ 短跨及支座宽度 + 右边相邻净跨值 $l_{n+2}/4$

3.3.3 架立筋

架立筋是指辅助箍筋架立的纵向构造钢筋，布置在梁的跨中位置并与两边的负筋相连，其构造如图 3-25 所示。

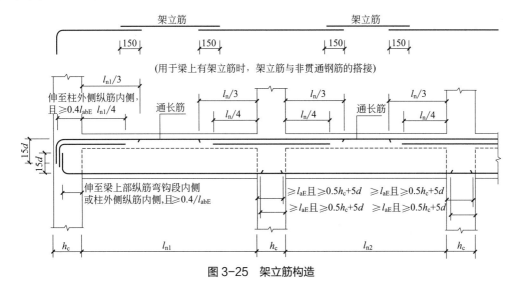

图 3-25 架立筋构造

由图 3-25 可知，架立筋与支座负筋的搭接长度均为 150mm。

架立筋长度计算公式为：

$$架立筋长度 = 净跨值 - 两边负筋净长 + 150 \times 2$$

任务3.4

梁的中部钢筋计算

建议课时： 2课时。
知识目标： 掌握梁中部钢筋的构造。
能力目标： 能计算梁中部钢筋工程量。
思政目标： 活学活用、融会贯通。

中部钢筋计算

梁的中部钢筋又称侧面钢筋或腰筋，分为构造钢筋（N）和受扭钢筋（G）两种，当梁有受扭钢筋时不再重复配置纵向构造钢筋。中部钢筋在梁的两侧对称配置，当梁出现中部钢筋时，必然有相同排数的拉筋，如图3-26所示。

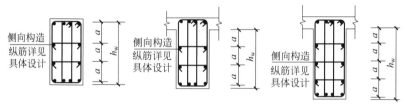

图 3-26   梁侧面钢筋及拉筋

3.4.1   构造钢筋

根据 16G101-1 图集规定，梁侧面构造钢筋的搭接与锚固长度均可取 15d。
构造钢筋长度计算公式为：

构造钢筋长度 = 左锚固长度 15d+ 净跨值 l_n+ 右边锚固长度 15d+ 搭接长度 15d× 接头数量 n

注：如构造钢筋长度超过定尺长度时，需要计算公式中的搭接长度。

3.4.2   受扭钢筋

根据 16G101-1 图集规定，梁侧面受扭钢筋的搭接长度为 $l_{lE}(l_l)$，其锚固长度为 $l_{aE}(l_a)$，锚固方式同框架梁下部纵筋。

受扭钢筋长度计算公式为：

受扭钢筋长度 = 左端锚固长度 + 净跨值 + 右端锚固长度 + 搭接长度 × 接头数量 n

注：锚固方式同梁下部纵筋，需判断直锚或弯锚。

【例 3-4】已知条件：①抗震等级为三级；②混凝土强度等级为 C25；③梁纵筋常用绑扎搭接方式，同一区段搭接钢筋面积比例 ≤ 25%；④柱梁保护层为 30mm；⑤柱宽均为 400mm，轴线居中。请计算图 3-27 中 KL1 中构造钢筋的单根长度。

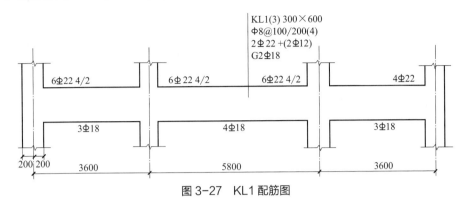

图 3-27　KL1 配筋图

答： 构造腰筋 G2⚟18 的单根长度 =15×18×2+3600+5800+3600−400=13140(mm)。

假设钢筋定尺长度为 9000mm，则会产生 1 个接头，即 15d。

考虑搭接长度，构造腰筋 G2B18 的单根长度 =13140+15×18=13410(mm)。

任务3.5

梁的下部钢筋计算

建议课时： 2课时。
知识目标： 掌握梁的下部钢筋构造。
能力目标： 能计算梁的下部钢筋工程量。
思政目标： 追求精准、信守精诚。

下部钢筋
计算

框架梁下部钢筋分三种情况：①下部通长筋；②下部非通长筋（伸入支座）；③下部非通长筋（不伸入支座）。

3.5.1　下部通长筋

框架梁下部通长筋的构造同上部通长筋。

下部通长筋长度 = 左端支座锚固长度 + 总净跨长 + 右端支座锚固长度 + 搭接长度

若支座宽度 - 保护层厚度 $C \geqslant$ 锚固长度 l_{aE}，则直锚。此时钢筋伸入支座内不弯折，伸入支座内的锚固长度 = max（l_{aE}，$0.5h_c+5d$）。

若支座宽度 - 保护层厚度 $C <$ 锚固长度 l_{aE}，则弯锚。此时钢筋伸入支座外侧边缘并向上弯折 $15d$，锚固长度 = 支座宽 h_c - 保护层厚度 $C+15d$。

3.5.2　下部非通长筋（伸入支座）

框架梁下部非通长筋不贯通布置在整个连续梁内，而是分跨布置在某一跨或某几跨梁内，如图 3-28 所示。

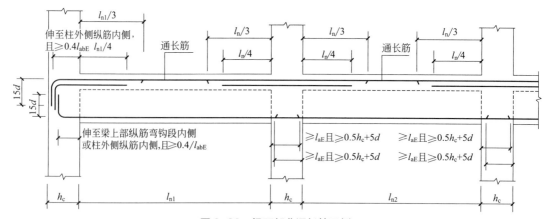

图 3-28　梁下部非通长筋示例

框架梁下部非通长筋长度计算公式为：

框架梁下部非通长筋长度 = 左支座锚固长度 + 净跨值 + 右支座锚固长度

注：当非通长筋伸入端支座锚固时，需要判断直锚或弯锚，原理与通长筋相同。当下部非通长筋伸入中间支座时，则只有直锚，直锚长度 $=\max(l_{aE}, 0.5h_c+5d)$。

3.5.3 下部非通长筋（不伸入支座）

梁下部非通长筋不伸入支座的构造如图 3-29 所示。

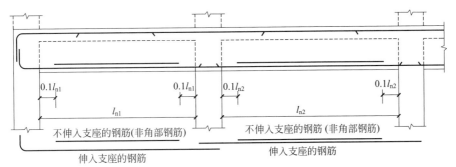

图 3-29 梁下部非通长筋不伸入支座的构造

不伸入支座的梁下部钢筋长度计算公式如下：

长度 = 净跨值 -0.1× 净跨值 =0.8 净跨值

【例 3-5】 已知条件：①抗震等级为三级；②混凝土强度等级为 C25；③梁纵筋常用绑扎搭接方式，同一区段搭接钢筋面积比例 ≤ 25%；④柱梁保护层为 30mm；⑤柱宽均为 400mm，轴线居中。请计算图 3-30 中 KL1 左边第一跨下部非通长筋的单根长度。

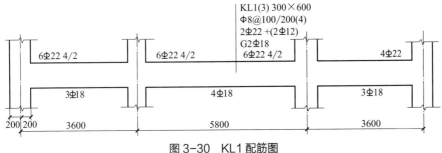

图 3-30 KL1 配筋图

答： 左边第一跨下部非通长筋 3Φ18，左边伸入端支座锚固，右边伸入中间支座锚固。

由于 $l_{aE}=35\times18=630(mm) > 400-30=370(mm)$，在左端支座内弯锚，弯锚长度 $=h_c-C+15d=400-30+15\times18=640(mm)$。

在右边中间支座内直锚，直锚长度 $=\max(l_{aE}, 0.5h_c+5d)=630(mm)$。

第一跨下部钢筋单根长度 =3600-400+640+630=4470(mm)。

任务3.6

梁的箍筋及拉筋计算

建议课时： 3课时。

知识目标： 掌握梁箍筋及拉筋的构造。

能力目标： 能计算梁的箍筋和拉筋工程量。

思政目标： 规范标准、安全责任。

箍筋及拉筋
长度计算

箍筋及拉筋
根数计算

3.6.1　梁的箍筋计算

由于梁箍筋长度计算与柱箍筋计算原理相同，在此不再赘述。这里主要介绍梁箍筋的根数计算方法。进行抗震设计时，框架梁内箍筋的加密区范围如图 3-31 所示。

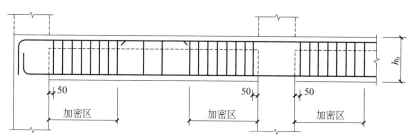

图 3-31　框架梁内箍筋的加密区范围

由图 3-31 可见，框架梁箍筋加密区布置在梁跨两端，跨中位置为非加密区。支座内不设梁箍筋，每跨第一根和最后一根箍筋的起步距离为 50mm。16G101-1 图集对于框架梁内箍筋加密区取值的规定为：抗震等级为一级时，加密区长度 $=\max(2h_b，500)$，其中 h_b 为梁高；抗震等级为二至四级时，加密区长度 $=\max(1.5h_b，500)$。

若为非抗震框架梁及非框架梁，则箍筋不设加密区或按设计要求布置。

因此，当抗震设计时框架梁的单跨箍筋根数 =[(加密区长度 -50)/ 加密区间距 +1]×2+(非加密区长度 / 非加密区间距 -1)，其中非加密区长度 = 净跨值 - 加密区长度 ×2。

3.6.2　梁的拉筋计算

拉筋的钢筋配置在平法施工图中不需标注，当梁有腰筋时，需要设置拉筋。根据 16G101-1 图集规定：如设计无说明，当梁宽 ≤ 350mm 时，则拉筋直径为 6mm；当梁宽 > 350mm 时，则拉筋直径为 8mm。如图 3-32 所示，拉筋为等间距布置，其间距为箍筋非加密区间距的 2 倍，单跨第一根和最后一根拉筋的起步距离为 50mm。拉筋排数与腰筋相同，如有多排拉筋时，上下排拉筋竖向错开半个间距设置，即奇偶排之间根数相差一根。

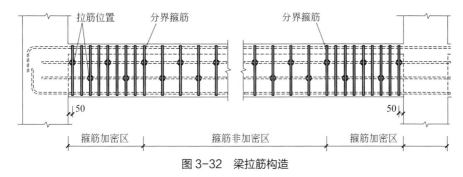

图 3-32　梁拉筋构造

拉筋计算公式为：

$$拉筋单根长度 = 梁宽\ b - 保护层厚度\ C \times 2 + \max(11.9d，\ 75 + 1.9d) \times 2$$

$$单排的拉筋根数 = \frac{净跨值 - 50 \times 2}{拉筋间距} + 1$$

【**例 3-6**】 已知条件：①抗震等级为二级；②混凝土强度等级为 C25；③梁保护层为 25mm。梁的尺寸及钢筋信息见图 3-33。请计算框梁的箍筋及拉筋根数。

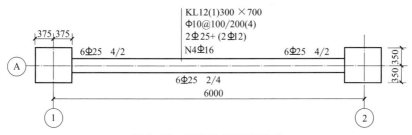

图 3-33　梁的尺寸及钢筋信息

答：（1）箍筋 Φ10@100/200（4）根数

$$左加密区 = \frac{\max(1.5 \times 700, 500) - 50}{100} + 1 = 11（根）$$

同理，右加密区 =11 根。

$$非加密区 = \frac{6000 - 375 \times 2 - 2 \times \max(1.5 \times 700, 500)}{200} - 1 = 15（根）$$

该框梁箍筋共 37 根

（2）拉筋根数

由于梁宽 b=300mm＜350mm，因此拉筋直径为 6mm，箍筋非加密区间距为 200mm，因此拉筋间距为 400mm。受扭腰筋有 4 根，共两排，因此拉筋也有两排。

第一排拉筋根数 =(6000-375×2-50×2)/400+1=14(根)；则第二排为 14-1=13(根)，该跨梁拉筋共 27 根。

任务3.7

梁的附加
钢筋计算

建议课时： 1课时。

知识目标： 掌握梁附加钢筋的构造。

能力目标： 能计算梁的附加钢筋工程量。

思政目标： 严谨细致、求真务实。

梁的附加
钢筋计算

在次梁与主梁相交处，次梁顶部在负弯矩作用下产生裂缝，集中荷载只能通过次梁的受压区传至主梁的腹部。这种效应在集中荷载作用点主梁两侧各约 0.5 ~ 0.6 倍梁高范围内，可引起主拉破坏斜裂缝。为防止这种破坏，在次梁两侧主梁上设置附加横向钢筋，位于主梁下部或主梁截面高度范围内的集中荷载应全部由附加横向钢筋（吊筋、箍筋）承担。

3.7.1 梁吊筋计算

吊筋是由于梁的某部受到大的集中荷载作用，为了使梁体不产生局部严重破坏，将该集中力传递到梁顶部，同时使梁体的材料发挥各自的作用而设置的。其形状如元宝，又称为元宝筋，如图 3-34 所示。

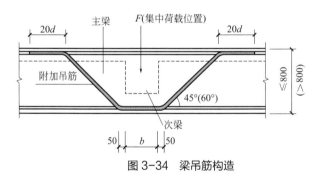

图 3-34　梁吊筋构造

根据 16G101-1 图集规定，当梁高 ≤ 800mm 时，斜长的起弯角度 α 为 45°；梁高 >800mm 时，斜长的起弯角度 α 为 60°。

因此，吊筋长度 = 次梁宽度 +50×2+20d×2+[（主梁高 – 保护层厚度 C×2）/sinα]×2。

吊筋的根数应在图纸中标明。

3.7.2 梁附加箍筋计算

附加箍筋布置在次梁两侧，其根数应在平法施工图中标注，附加箍筋长度同主梁的箍筋长度，且不影响主梁箍筋的根数计算。

【例 3-7】 已知条件：①抗震等级为二级；②混凝土强度等级为 C25；③梁保护层为 25mm。梁的尺寸及钢筋信息见图 3-35。请计算框梁的吊筋长度。

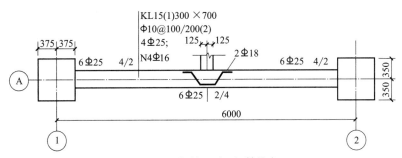

图 3-35 梁的尺寸及钢筋信息

答： 吊筋单根长度 =20×18×2+250+2×50+2×(700-25×2)/sin45°=2908.47(mm)。

任务3.8

梁变截面钢筋计算

建议课时： 2课时。

知识目标： 掌握梁变截面的钢筋构造。

能力目标： 能计算梁变截面的钢筋工程量。

思政目标： 创新意识、勇于探索。

梁变截面钢
筋计算

　　楼层框架梁在中间支座处如遇到变截面，可依据 16G101-1 图集中第 87 页的节点④～⑥，其构造说明见表 3-3。

表 3-3　楼层框架梁在变截面处的钢筋构造说明

节点编号	节点详图	构造说明
④	≥l_{aE}且≥$0.5h_c+5d$　≥$0.4l_{abE}$　Δh　（可直锚）　15d　（可直锚）　Δh　h_c　锚固构造同上部钢筋　$\Delta h/(h_c-50)>1/6$	梁有高差，且 $\Delta h/(h_c-50)>1/6$ 时，上部钢筋高位筋在支座处弯锚 15d，低位筋在支座处直锚 max (l_{aE}, $0.5h_c+5d$)；下部钢筋锚固构造同上部钢筋
⑤	50　Δh　Δh　50　h_c	梁有高差，且 $\Delta h/(h_c-50)\leq1/6$ 时，梁纵向钢筋在支座处可连续布置，不需断开锚固
⑥	当支座两边梁宽不同或错开布置时，将无法使直通的纵筋弯锚入柱内；或当支座两边纵筋根数不同时，可将多出的纵筋弯锚入柱内　15d　15d　15d　（可直锚）　（可直锚）　≥$0.4l_{abE}$	支座两侧梁宽度不同时，中间可贯通的钢筋连续布置，无法贯通时，在支座处断开并弯锚 15d

屋面框架梁
钢筋计算

非框架梁
钢筋计算

任务3.9

其他梁的钢筋计算

建议课时： 4课时。

知识目标： 掌握其他梁的钢筋构造。

能力目标： 能计算其他梁的钢筋工程量。

思政目标： 严谨细致、遵守规范。

3.9.1　悬挑梁的钢筋计算

悬挑梁的钢筋构造在 16G101-1 图集第 92 页有详细说明。本书仅以纯悬挑梁为例进行讲解，如图 3-36 所示。

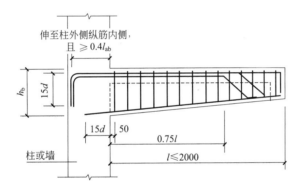

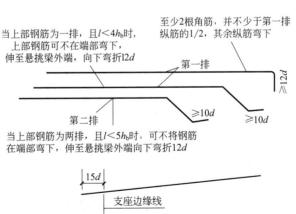

图 3-36　纯悬挑梁的纵筋构造

从图 3-36 可知，悬挑梁的上部纵筋，第一排可分为两部分：至少 2 根角筋，且不少于第一排纵筋根数的一半，纵筋伸至悬挑末端并向下弯折不少于 $12d$；其余纵筋按提前下弯。但当上部钢筋只有一排，且悬挑端净长 $l < 4h_b$ 时，上部钢筋可不在端部弯下，全部伸至悬挑端外端，向下弯折 $12d$。

第一排伸至末端的纵筋长度 = 悬挑部分长度 + 锚固长度 = 悬挑端净长 $l-$ 保护层厚度 $C+12d+$ 锚固长度

第一排提前下弯的纵筋长度 = 悬挑部分长度 + 锚固长度 $=10d+$ 悬挑端净长 $l-$ 保护层厚度 $C-10d-(h_b-2C)/\tan45°+(h_b-2C)/\sin45°+$ 锚固长度

悬挑梁的第二排纵筋在悬挑端 $0.75l$ 处向下弯折，并沿梁底弯折至少 $10d$。注意：当上部钢筋为两排，且 $l < 5h_b$ 时，可不将钢筋在端部弯下，伸至悬挑梁外端向下弯折 $12d$。

第二排纵筋长度 = 悬挑部分长度 + 锚固长度 $=10d+0.75×$ 悬挑端净长 $l+(h_b-2C)/\sin45°+$ 锚固长度

注：上式中对于锚固长度需判断直锚还是弯锚。当支座宽度 $\geqslant l_a$ 时，则直锚，锚固长度 $=\max(l_a，0.5h_c+5d)$；当支座宽度 $< l_a$ 时，则弯锚，锚固长度 $=h_c-C+15d$。

下部纵筋长度 = 悬挑部分长度 + 锚固长度 = 悬挑端净长 $l-C+15d$

3.9.2　屋面框架梁的钢筋计算

屋面框架梁的配筋构造除了上部钢筋外，基本同楼层框架梁，其纵筋构造如图 3-37 所示。

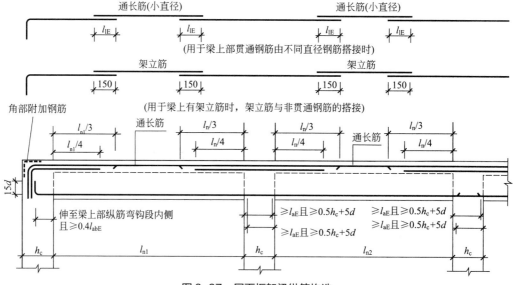

图 3-37　屋面框架梁纵筋构造

由图 3-37 可知，抗震屋面框架梁的上部纵筋在端支座处弯折至梁底，不能直锚。

上部钢筋的锚固长度 = 支座宽 h_c- 柱保护层 $C+$ 梁高 h_b- 梁保护层 C

【例 3-8】 已知条件：①抗震等级为一级；②梁钢筋采用焊接方式连接；③ $l_{aE}=l_{abE}=33d$；

④柱梁保护层厚度为30mm，请计算图3-38中屋面框架梁的钢筋工程量。

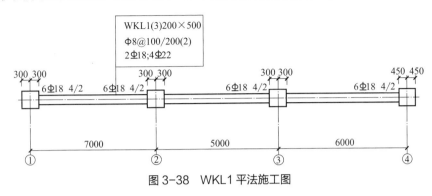

图3-38 WKL1平法施工图

答：（1）上部通长筋2Φ18

上部通长筋长度 L=7000+5000+6000+300+450−2×30+2×(500−30)=19630(mm)。

工程量 M=19.63×2×2=78.52(kg)。

（2）左边跨左端

第一排负筋2Φ18，M=[(600−30+500−30)+(7000−600)/3]×2/1000×2=12.69(kg)。

第二排负筋2Φ18，M=[(600−30+500−30)+(7000−600)/4]×2/1000×2=10.56(kg)。

（3）左边跨右端

第一排负筋2Φ18，M=[(7000−600)/3×2+600]×2/1000×2=19.47(kg)。

第二排负筋2Φ18，M=[(7000−600)/4×2+600]×2/1000×2=15.20((kg)。

（4）右边跨左端

第一排负筋2Φ18，M=[(6000−750)/3×2+600]×2/1000×2=16.40(kg)。

第二排负筋2Φ18，M=[(6000−750)/4×2+600]×2/1000×2=12.90(kg)。

（5）右边跨右端

第一排负筋2Φ18，M=[(900−30+500−30)+(6000−750)/3]×2/1000×2=12.36(kg)。

第二排负筋2Φ18，M=[(900−30+500−30)+(6000−750)/4]×2/1000×2=10.61(kg)。

（6）下部通长筋4Φ22

l_{aE}=33d=33×22=726(mm) 大于左端支座 h_c−C=600−30=570(mm)，因此下部通长筋在左支座弯锚，但 l_{aE} 小于右端支座 h_c−C=900−30=870(mm)，因此下部通长筋在右支座直锚。

下部通长筋长度 L=7000+5000+6000−300−450+ 570+15×22+max(726，0.5×900+5×22)= 18876(mm)。

工程量 M=18.876×4×2.98=225.00(kg)。

（7）箍筋Φ8@100/200（2）

单根长度 =(200−2×30+500−2×30)×2+2×11.9×8= 1350.4(mm)。

每跨箍筋根数计算如下。

箍筋加密区长度 =max（2h_b，500）=2×500=1000(mm)。

① 第一跨：左加密区根数 =(1000−50)/100+1=11(根)。

右加密区根数 =(1000−50)/100+1=11(根)。

非加密区根数 =(7000-600-2000)/200-1=21(根)。

② 第二跨：左加密区根数 = 右加密区根数 =11(根)。

非加密区根数 =(5000-600-2000)/200-1=11(根)。

③ 第三跨：左加密区根数 = 右加密区根数 =11 根。

非加密区根数 =(6000-750-2000)/200-1=16(根)。

箍筋总根数 N=43+33+38=114(根)。

箍筋工程量 M=1.3504×114×0.395=60.81(kg)。

3.9.3 非框架梁的钢筋计算

在框架结构中，框架梁之间设置的将楼板的荷载传给框架梁的就是非框架梁，即框架梁是非框架梁的支座，因此框架梁和非框架梁也可称为主梁和次梁。次梁的钢筋伸入主梁的长度只要满足锚固长度的要求即可。非框架梁的钢筋构造如图 3-39 所示。

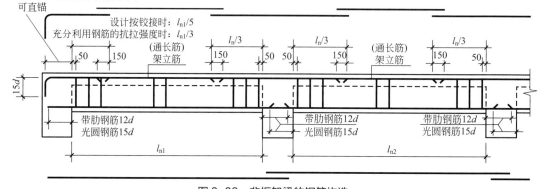

图 3-39 非框架梁的钢筋构造

由图 3-39 可知，非框架梁的上部纵筋在端支座处需判断锚固方式：当端支座 $h_c-C \geqslant l_a$ 时，可直锚，直锚长度为 l_a ；当端支座 $h_c-C < l_a$ 时，为弯锚，弯锚长度为 $h_c-C+15d$。

负筋伸出支座的长度：在端支座的延伸长度为边净跨长 $l_n/5$（设计按铰接时）或 $l_n/3$（充分利用钢筋的抗拉强度时），负筋在中间支座伸出的长度为相邻两跨最大的净跨长 $l_n/3$。

注：铰接（柔性连接）、充分利用钢筋的抗拉强度（刚性连接），在平法施工图中分别用代号 L 与 L_g 表示。

当非框架梁的端支座宽度够大时，非框架梁下部钢筋可直锚。但需要区分螺纹钢和光圆钢筋，其计算公式如下：

当下部钢筋为螺纹钢筋时，端支座宽度 $h_c-C \geqslant 12d$，可直锚，直锚长度取 $12d$ ；

当下部钢筋为光圆钢筋时，端支座宽度 $h_c-C \geqslant 15d$，可直锚，直锚长度取 $15d$。

如端支座宽度无法满足下部钢筋的直锚条件时，可弯锚。弯锚构造如图 3-40 所示。

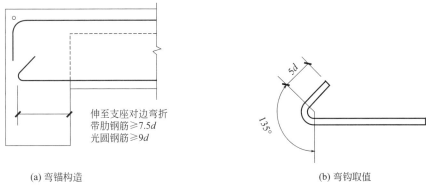

(a) 弯锚构造　　　　　　　　　(b) 弯钩取值

图 3-40　非框架下部钢筋弯锚构造

由图 3-40 可知，如下部钢筋在端支座弯锚时，其锚固长度为 $h_c-C+6.9d$。

非框架梁箍筋不设加密区，按等间距布置。因此，箍筋根数计算公式为：

$$非框架梁单跨箍筋根数 = \frac{净跨值 l_n-50\times 2}{箍筋间距 S}+1$$

【例 3-9】　已知条件：①抗震等级为二级；②混凝土强度等级为 C25；③梁钢筋采用焊接方式连接；④柱梁保护层为 25mm。请计算图 3-41 中非框架梁的钢筋工程量。

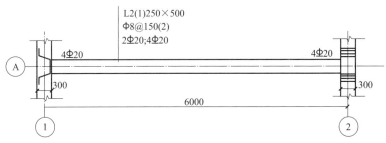

L2(1)250×500
Φ8@150(2)
2Φ20;4Φ20

4Φ20　　　　　　　　　　　　　　4Φ20

Ⓐ

300　　　　　　　　　　　　　　　300

6000

① ②

图 3-41　梁的尺寸及钢筋信息

答：$l_a=33d=33\times 20=660(mm)>h_c-C=300-25=275(mm)$，弯锚长 $=h_c-C+15d=275+15\times 20=575(mm)$。

上部通长筋 2Φ20 工程量 $=(575\times 2+6000-300)\times 2/1000\times 2.47=33.84(kg)$。

左右支座负筋各 2Φ20，共 4Φ20，工程量 $=[575+(6000-300)/5]\times 4/1000\times 2.47=16.94(kg)$。

下部通长筋为 4Φ20，$12d=240mm<h_c-C=275mm$，可直锚，直锚长度取 $12d=240mm$，下部通长筋 4Φ20 工程量 $=(240\times 2+6000-300)\times 4/1000\times 2.47=61.06(kg)$。

箍筋为 Φ8@150（2），单根长度 $L=(250-50+500-50)\times 2+2\times 11.9\times 8=1490.4(mm)$。

根数 $N=(6000-300-50\times 2)/150+1=39(根)$。

箍筋工程量 $M=1.4904\times 39\times 0.395=22.95(kg)$。

思考与练习

?

已知条件：①抗震等级为三级；②混凝土强度等级为 C30；③柱梁保护层厚度为 30mm，柱表见表 3-4。请计算图 3-42 中 KL6 的钢筋工程量。

表 3-4　柱表

柱号	标高	$b \times h$	b_1	b_2	h_1	h_2	角筋	b 边 一侧 中部筋	h 边 一侧 中部筋	箍筋 类型号	箍筋
KZ6	基础顶 -7.100	550×500	300	250	250	250	4 ⊈ 20	2 ⊈ 20	2 ⊈ 20	1(4×4)	Φ8@100/200

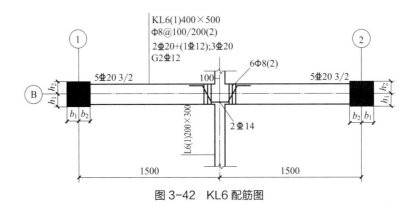

图 3-42　KL6 配筋图

项目
4

板的平法钢筋算量

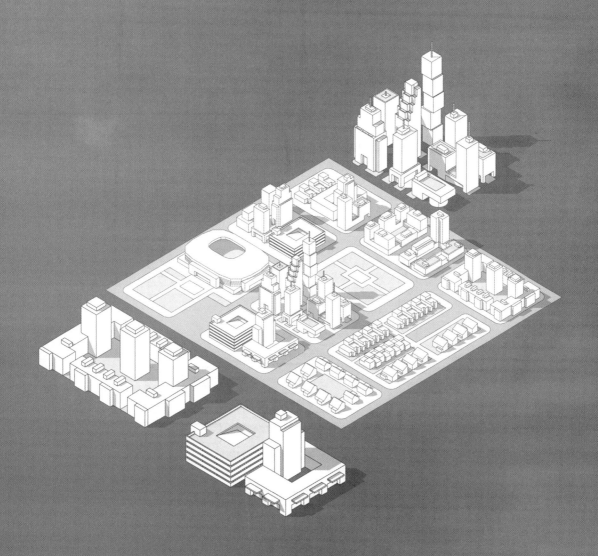

板钢筋分类

任务4.1 板的钢筋分类

建议课时： 1课时。

知识目标： 掌握板的钢筋种类及特征。

能力目标： 能分辨板的钢筋类型。

思政目标： 严谨细致、遵守规范。

　　根据 16G101-1 图集中的规定，混凝土结构中的现浇板可以分为有梁楼盖板和无梁楼盖板两种类型，如表 4-1 所列。

表 4-1　板的种类

板的类型	
有梁楼盖板	楼面板
	屋面板
	悬挑板
无梁楼盖板	柱上板带
	跨中板带

　　以有梁楼盖板为例，其钢筋种类如图 4-1 所示。

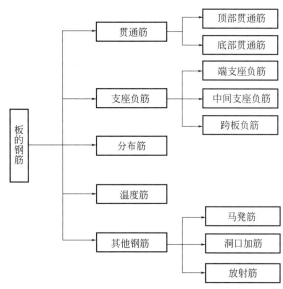

图 4-1　有梁楼盖板的钢筋种类

　　现浇板钢筋的特征是"双层双向"。"双层"是指由于板有一定厚度，在板顶布置一层钢筋，板底布置一层钢筋。"双向"就是底筋、面筋的纵横方向配筋，即在底板、面板的 X 和 Y 两个方向来布置钢筋，如图 4-2 所示。

(a) 贯通筋　　　　　　　　　　　　(b) 非贯通筋

图 4-2　板的钢筋

注意：当板为两端支承的简支板时，其底部受力钢筋平行跨度布置。当板为四周支承并且其长短边之比值大于 2 时，板为单向受力，称为单向板，其底部受力钢筋平行短边方向布置；当板为四周支承并且其长短边之比值小于或等于 2 时，板为双向受力，称为双向板，其底部纵横两个方向均为受力钢筋。

板中的分布钢筋主要用来使作用在板面荷载能均匀地传递给受力钢筋，抵抗温度变化和混凝土收缩在垂直于板跨方向所产生的拉应力，同时还与受力钢筋绑扎在一起组合成骨架，防止受力钢筋在混凝土浇捣时的位移。

任务4.2
板的平法识图

建议课时： 4课时。

知识目标： 掌握板的平法施工图注写方法。

能力目标： 能识读板的平法施工图信息。

思政目标： 严谨细致、匠心精神。

集中标注   原位标注

4.2.1 有梁楼盖

有梁楼盖的制图规则适用于以梁为支座的楼面与屋面板平法施工图设计。有梁楼盖施工图系在楼面板和屋面板布置图上，采用平面注写的表达方式。板平面注写主要包括集中标注和板支座原位标注。

在平法施工图纸中，规定结构平面的坐标方向为：

① 当两向轴网正交布置时，图面从左至右为 X 向，从下至上为 Y 向；

② 当轴网转折时，局部坐标方向顺轴网转折角度做相应转折；

③ 当轴网向心布置时，切向为 X 向，径向为 Y 向。

此外，对于平面布置比较复杂的区域，如轴网转折交界区域、向心布置的核心区域等，其平面坐标方向应由设计者另行规定并在图上明确表示。

4.2.1.1 板块集中标注

板块集中标注的内容为：板块编号、板厚、上部贯通筋、下部纵筋，以及当板面标高不同时的标高高差。

（1）板块编号

16G101-1 图集规定：对于普通楼面，两向均以一跨为一板块；对于密肋楼盖，两向主梁（框架梁）均以一跨为一板块（非主梁密肋不计）。所有板块都应逐一编号，相同编号的板块可择其一做集中标注，其他仅注写置于圆圈内的板编号，以及当板面标高不同时的标高高差，如图 4-3 所示。

板块编号按表 4-2 的规定。

（2）板厚

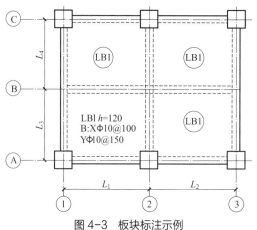

图 4-3　板块标注示例

板厚注写为 $h=\times\times\times$（为垂直于板面的厚度）；当悬挑板的端部改变截面厚度时，用斜线分隔根部和端部的高度值，注写为 $h=\times\times\times/\times\times\times$；当设计已在图注中统一注明板厚时，此项可不注。

表 4-2　板块编号

板类型	代号	序号
楼面板	LB	××
屋面板	WB	××
悬挑板	XB	××

（3）纵筋

纵筋按板块的下部纵筋和上部贯通纵筋分别注写（当板块上部不设贯通纵筋时则不注），并以 B 代表下部纵筋，以 T 代表上部贯通纵筋，B&T 代表下部与上部；X 向纵筋以 X 开头，Y 向纵筋以 Y 开头，两向纵筋配置相同时则以 X&Y 开头。

当为单向板时，分布筋可不必注写，而在图中统一注明。

当在某些板内（例如在悬挑板 XB 的下部）配置有构造钢筋时，则 X 向以 X_c，Y 向以 Y_c 开头注写。

当 Y 向采用放射配筋时（切向为 X 向，径向为 Y 向），应注明配筋间距的定位尺寸。

当纵筋采用两种规格钢筋"隔一布一"方式时，表达为 ΦXX/YY@×××，表示直径为 XX 的钢筋和直径为 YY 的钢筋两者之间间距为 ×××，直径为 XX 的钢筋的间距为 ××× 的 2 倍，直径为 YY 的钢筋的间距为 ××× 的 2 倍。

例如：① LB1　h=110

B：X Φ 12@120；Y Φ @10@110

表示 1 号楼面板，板厚 110mm，板下部配置的纵筋 X 向为 Φ12@120，Y 向为 Φ@10@110；板上部未配置贯通纵筋。

② LB1　h=110

B：X Φ 10/12@110；Y Φ @10@110

表示 1 号楼面板，板厚 110mm，板下部配置的纵筋 X 向为 Φ10、Φ12 隔一布一，Φ10 与 Φ12 之间间距为 100mm；Y 向为 Φ10@110；板上部未布置贯通纵筋。

③ XB2　h=150/100

B：X_c&Y_c Φ8@200

表示 2 号悬挑板，板根部厚 150mm，端部厚 100mm，板下部配置构造钢筋双向均为 Φ8@200（上部受力钢筋见板支座原位标注）。

（4）板面标高高差

板面标高高差是相对于结构层楼面标高的高差，应将其注写在括号内，且有高差则注，无高差不注。

例如 −0.05，表示该板比结构楼层标高低了 0.05m。

同一编号板块的类型、板厚和纵筋应相同，但板面标高、跨度、平面形状以及板支座上部非贯通纵筋可以不同，如同一编号板块的平面形状可为矩形、多边形及其他形状等。施工预算时，应根据其实际平面形状，分别计算各块板的混凝土和钢材用量。

　　单向或双向连续板的中间支座上部同向贯通纵筋，不应在支座位置连接或分别锚固。当相邻两跨的板上部贯通纵筋配置相同，且跨中部位有足够空间连接时，可在两跨任意一跨的跨中连接部位连接；当相邻两跨的上部贯通纵筋配置不同时，应将配置较大者越过其标注的跨数终点或起点伸至相邻跨的跨中连接区域连接。

4.2.1.2　板支座原位标注

　　板支座原位标注的内容有：板支座上部非贯通纵筋和悬挑板上部受力钢筋。

　　板支座原位标注的钢筋，应在配置相同跨的第一跨表示（当在梁悬挑部位单独配置时则在原位表示）。在配置相同跨的第一跨（或梁悬挑部位），垂直于板支座（梁或墙）绘制一段适宜长度的中粗实线（当该筋通长设置在悬挑板或短跨板上部时，实线段应画至对边或贯通短跨），以该线段代表支座上部非贯通纵筋，并在线段上方注写钢筋编号（如①、②等）、配筋值、横向连续布置的跨数（注写在括号内，且当为一跨时可不注），以及是否横向布置到梁的悬挑端。

　　例如（××）为横向布置的跨数,（××A）为横向布置的跨数及一端的悬挑梁部位,（××B）为横向布置的跨数及两端的悬挑梁部位。

　　板支座上部非贯通筋自支座中线向跨内的伸出长度，注写在线段的下方位置。

　　当中间支座上部非贯通纵筋向支座两侧对称伸出时，可仅在支座一侧线段下方标注伸出长度，另一侧不注，见图 4-4（a）。当向支座两侧非对称伸出时，应分别在支座两侧线段下方注写伸出长度，见图 4-4（b）。对线段画至对边贯通全跨或贯通全悬挑长度的上部通长纵筋，贯通全跨或伸出至全悬挑一侧的长度值不注，只注明非贯通筋另一侧的伸出长度值，见图 4-4（c）和图 4-4（d）。

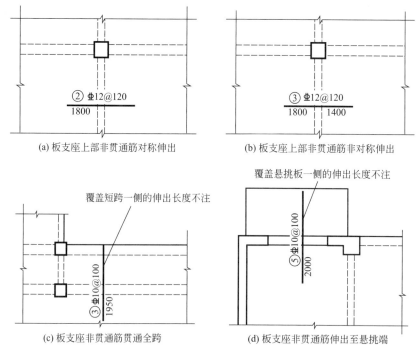

(a) 板支座上部非贯通筋对称伸出　　　　　(b) 板支座上部非贯通筋非对称伸出

(c) 板支座非贯通筋贯通全跨　　　　　(d) 板支座非贯通筋伸出至悬挑端

图 4-4　板支座非贯通筋注写示例

当板支座为弧形，支座上部非贯通纵筋呈放射状分布时，应注明配筋间距的度量位置并加注"放射分布"四字，必要时应补绘平面配筋图，见图4-5。

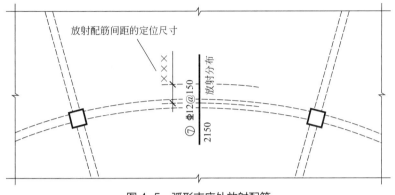

图4-5　弧形支座处放射配筋

关于悬挑板的注写方式见图4-6。当悬挑板端部厚度不小于150mm时，设计者应指定板端部封边构造方式。当采用U形钢筋封边时，尚应指定U形钢筋的规格和直径。

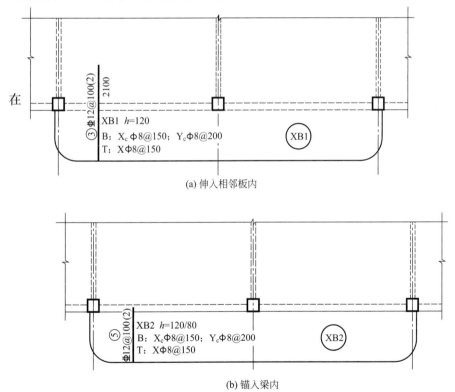

图4-6　悬挑板支座非贯通筋

板平面布置图中，不同部位的板支座上部非贯通纵筋及悬挑板上部受力钢筋，可仅在一个部位注写，对其他相同者则仅需在代表钢筋的线段上注写编号及横向连续布置的跨数即可。

【**例 4-1**】 在板平面布置图某部位，横跨支承梁绘制的对称线段上注有⑦ ⲩ12@100（5A）和 1500，表示什么意思？

答：表示支座上部⑦号非贯通纵筋为 ⲩ12@100，从该跨起沿支承梁连续布置 5 跨加梁一端的悬挑端，该筋自支座中线向两侧跨内伸出长度均为 1500mm。在同一板平面布置图的另一部位横跨支座绘制的对称线段上注有⑦（2）者，则表示该筋同⑦号纵筋，沿支承梁连续布置 2 跨，且无梁悬挑端布置。

此外，与板支座上部非贯通纵筋垂直且绑扎在一起的构造钢筋或分布钢筋，应由设计者在图中注明。

当板的上部已配置有贯通纵筋，但需增配板支座上部非贯通纵筋时，应结合已配置的同向贯通纵筋的直径与间距采取"隔一布一"方式配置。

"隔一布一"方式为非贯通纵筋的标注间距与贯通纵筋相同，两者组合后的实际间距为各自标注间距的 1/2。当设定贯通纵筋为纵筋总截面面积的 50% 时，两种钢筋应取相同直径；当设定贯通纵筋大于或小于总截面面积的 50% 时，两种钢筋则取不同直径。

例如板上部已配置贯通纵筋 ⲩ12@250，该跨同向配置的上部支座非贯通纵筋为⑤ⲩ12@250，表示在该支座上部设置的纵筋实际为 ⲩ12@125，其中 1/2 为贯通纵筋，1/2 为⑤号非贯通纵筋（伸出长度值略）。

又如板上部已配置贯通纵筋 ⲩ10@250，该跨配置的上部同向支座非贯通纵筋为③ⲩ12@250，表示该跨实际设置的上部纵筋为 ⲩ10 和 ⲩ12 间隔布置，两者之间间距为 125mm。

施工时应注意：当支座一侧设置了上部贯通纵筋（在板集中标注中以 T 开头），而在支座另一侧仅设置了上部非贯通纵筋时，如果支座两侧设置的纵筋直径和间距相同，应将两者连通，避免各自在支座上部分别锚固。

采用平面注写方式表达的楼面板平法施工图示例如图 4-7 所示。

4.2.2　无梁楼盖

无梁楼盖平法施工图，是在楼面板和屋面板布置图上，采用平面注写的表达方式。板平面注写主要有板带集中标注和板带支座原位标注两部分内容。

4.2.2.1　板带集中标注

集中标注应在板带贯通纵筋配置相同跨的第一跨（X 向为左端跨，Y 向为下端跨）注写。相同编号的板带可择其一做集中标注，其他仅注写板带编号（注在圆圈内）。

板带集中标注的具体内容为：板带编号、板带厚、板带宽、贯通纵筋和板面高差。

（1）板带编号

板带编号按表 4-3 的规定。

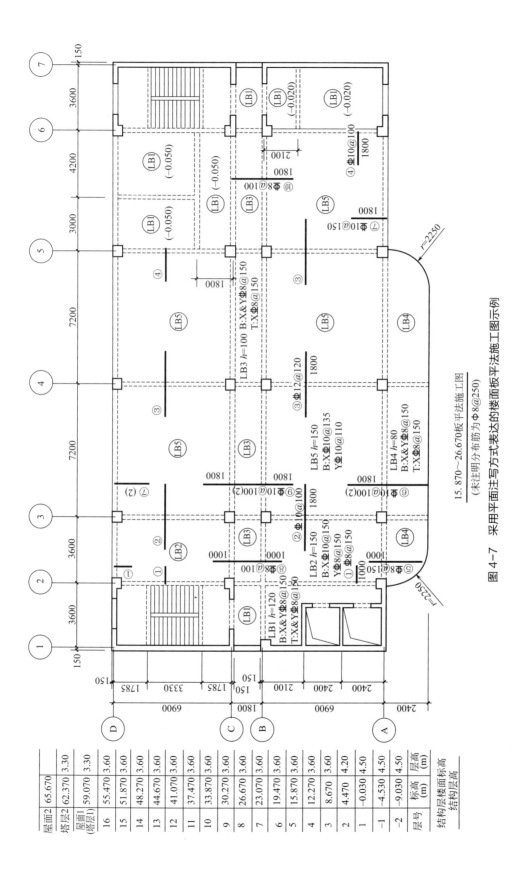

图4-7　采用平面注写方式表达的楼面板平法施工图示例

表 4-3　板带编号

板带类型	代号	序号	跨数及有无悬挑
柱上板带	ZSB	××	（××）、（××A）或（××B）
跨中板带	KZB	××	（××）、（××A）或（××B）

在表 4-3 中，跨数按柱网轴线计算（两相邻柱轴线之间为一跨）。（××A）为一端有悬挑，（××B）为两端有悬挑，悬挑不计入跨数。

（2）板带厚及板带宽

板带厚度注写为 $h=×××$，板带宽注写为 $b=×××$。当无梁楼盖整体厚度和板带宽度已在图中注明时，此项可不注。

（3）贯通纵筋

贯通纵筋按板带下部和板带上部分别注写，并以 B 代表下部，T 代表上部，B&T 代表下部和上部。当采用放射配筋时，设计者应注明配筋间距的度量位置，必要时补绘配筋平面图。

例如设有一板带注写为：ZSB2(5A)$h=300$　$b=3000$

B Φ 16@100；T Φ 18@200

表示 2 号柱上板带，有 5 跨且一端有悬挑；板带厚 300mm，宽 3000mm；板带配置贯通纵筋，下部为Φ16@100，上部为Φ18@200。

（4）板面高差

当局部区域的板面标高与整体不同时，应在无梁楼盖的板平法施工图上注明板标高高差及分布范围。

4.2.2.2　板带支座原位标注

板带支座原位标注的具体内容为板带支座上部非贯通纵筋。

以一段与板带同向的中粗实线段代表板带支座上部非贯通纵筋；对柱上板带，实线段贯穿柱上区域绘制；对跨中板带，实线段横贯柱网轴线绘制。在线段上注写钢筋编号（如①、②等）、配筋值及在线段的下方注写自支座中线向两侧跨内的伸出长度。

当板带支座非贯通纵筋自支座中线向两侧对称伸出时，其伸出长度可仅在一侧标注；当配置在有悬挑端的边柱上时，该筋伸出到悬挑末端，设计不注。当支座上部非贯通纵筋呈放射分布时，设计者应注明配筋间距的定位位置。

不同部位的板带支座上部非贯通纵筋相同者，可仅在一个部位注写，其余则在代表非贯通纵筋的线段上注写编号。

例如设有平面布置图的某部位，在横跨板带支座绘制的对称线段上注有⑦ Φ18@250，在线段一侧的下方注有 1500，表示支座上部⑦号非贯通纵筋为 Φ18@250，自支座中线向两侧跨内的伸出长度均为 1500mm。

当板带上部已经配有贯通纵筋，但需要增加配置板带支座上部非贯通纵筋时，应结合已配同向贯通纵筋的直径与间距，采取"隔一布一"的方式配置。

例如设有一板带上部已配置贯通纵筋 Φ18@240，板带支座上部非贯通纵筋为⑤ Φ18@240，则板带在该位置实际配置的上部纵筋为 Φ18@120，其中 1/2 为贯通纵筋，1/2 为⑤号非贯通纵筋（伸出长度略）。

又如设有一板带上部已配置贯通纵筋 Φ18@240，板带支座上部非贯通纵筋为③ Φ20@240，则板带在该位置实际配置的上部纵筋为 Φ18 和 Φ20 间隔布置，两者之间间距为 120mm（伸出长度略）。

4.2.2.3 暗梁

暗梁的平面注写包括暗梁集中标注、暗梁支座原位标注两部分内容，施工图中在柱轴线处画中粗虚线表示暗梁。

（1）暗梁集中标注

暗梁集中标注包括暗梁编号、暗梁截面尺寸（箍筋外皮宽度 × 板厚）、暗梁箍筋、暗梁上部通长筋或架立筋四部分内容。暗梁编号依据表 4-4，其他注写方式同梁构件平面注写规则。

表 4-4 暗梁编号

构件类型	代号	序号	跨数及有无悬挑
暗梁	AL	××	（××）、（××A）或（××B）

（2）暗梁支座原位标注

暗梁支座原位标注包括梁支座上部纵筋和梁下部纵筋。

当在暗梁上集中标注的内容不适用于某跨或某悬挑端时，则将其不同数值标注在该跨或该悬挑端，施工时按原位注写取值。

当设置暗梁时，柱上板带及跨中板带标注方式与前文一致。柱上板带标注的配筋仅设置在暗梁之外的柱上板带范围内。

暗梁中纵向钢筋连接、锚固及支座上部纵筋的伸出长度等要求同轴线处柱上板带中纵向钢筋。

采用平面注写方式表达的无梁楼盖柱上板带、跨中板带及暗梁标注示例见图 4-8。

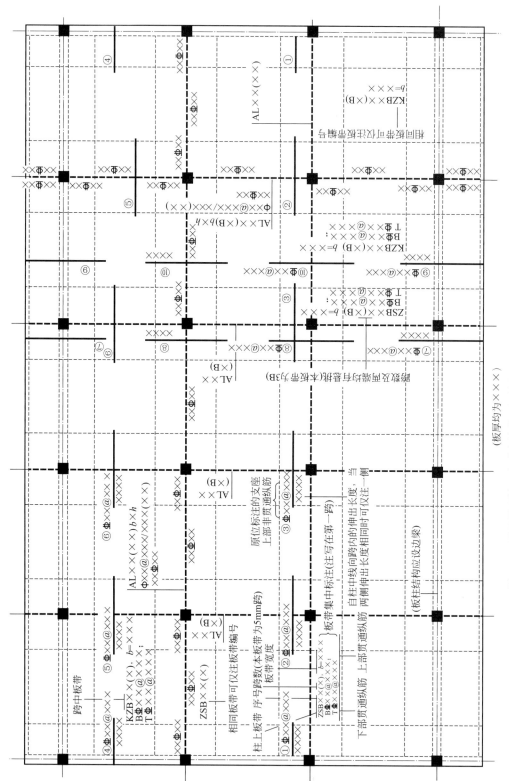

图4-8 采用平面注写方式表达的无梁楼盖柱上板带、跨中板带及暗梁标注示例

4.2.3 楼板相关构造

楼板相关构造的平法施工图设计，是在板平法施工图上采用直接引注方式表示。楼板相关构造类型与编号按表 4-5 的规定。

表 4-5　楼板相关构造类型与编号

构造类型	代号	序号	说明
纵筋加强带	JQD	××	以单向加强纵筋取代原位置配筋
后浇带	HJD	××	有不同的留筋方式
柱帽	ZM×	××	适用于无梁楼盖
局部升降板	SJB	××	板厚及配筋与所在板相同；构造升降高度≤300mm
板加腋	JY	××	腋高与腋宽可选注
板开洞	BD	××	最大边长或直径<1000mm；加强筋长度有全跨贯通和自洞边锚固两种
板翻边	FB	××	翻边高度≤300mm
角部加强筋	Crs	××	以上部双向非贯通加强钢筋取代原位置的非贯通配筋
悬挑板阴角附加筋	Cis	××	板悬挑阴角上部斜向附加钢筋
悬挑板阳角附加筋	Ces	××	板悬挑阳角上部放射筋
抗冲切箍筋	Rh	××	通常用于无柱帽、无梁楼盖的柱顶
抗冲切弯起筋	Rb	××	通常用于无柱帽、无梁楼盖的柱顶

4.2.3.1 纵筋加强带

纵筋加强带（JQD）的平面形状及定位由平面布置图表达，加强带内配置的加强贯通纵筋等由引注内容表达。

纵筋加强带设单向加强贯通纵筋，取代其所在的位置板中原配置的同向贯通纵筋。根据受力需要，加强贯通纵筋可在板下部配置，也可在板下部和上部均配置。纵筋加强带的引注见图 4-9。

当板下部和上部均设置加强贯通纵筋，而板带上部横向无配筋时，加强带上部横向配筋应由设计者注明。

当将纵筋加强带设置为暗梁型式时，应注写箍筋，其引注见图 4-10。

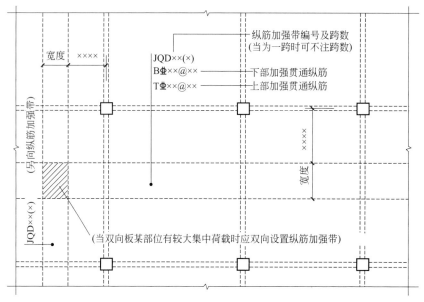

图 4-9　纵筋加强带的引注

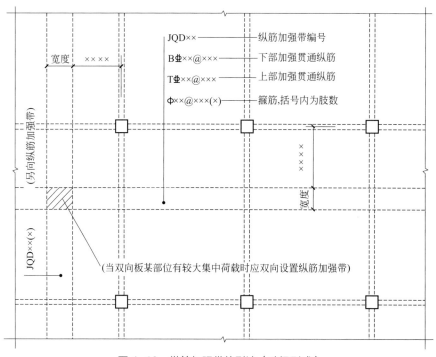

图 4-10　纵筋加强带的引注（暗梁型式）

4.2.3.2　后浇带

后浇带（HJD）的平面形状及定位由平面布置图表达，后浇带留筋方式等由引注内容表达，包括以下内容。

① 后浇带编号及留筋方式代号。16G101-1 图集中提供了两种留筋方式，分别为贯通和 100% 搭接。

② 后浇混凝土的强度等级 C××。宜采用补偿收缩混凝土，设计应注明相关施工要求。

③ 当后浇带区域留筋方式或后浇混凝土强度等级不一致时，设计者应在图中注明与图示不一致的部位及做法。

柱帽的引注见图 4-11。

贯通钢筋的后浇带宽度通常取大于或等于 800mm；100% 搭接钢筋的后浇带宽度通常取 800mm 与（l_l+60 或 l_{lE}+60）的较大值（l_l、l_{lE} 分别为受拉钢筋搭接长度、受拉钢筋抗震搭接长度）。

4.2.3.3　柱帽

柱帽 ZM× 的平面形状有矩形、圆形或多边形等，其平面形状由平面布置图表达。

柱帽的立面形状有单倾角柱帽 ZMa［图 4-11（a）］、托板柱帽 ZMb［图 4-11（b）］、变倾角柱帽 ZMc［图 4-11（c）］和倾角托板柱帽 ZMab［图 4-11（d）］等，其立面几何尺寸和配筋由具体的引注内容表达。图中对于 c_1、c_2，当 X、Y 方向不一致时，应标注（c_1，x，c_1，y）、（c_2，x，c_2，y）。

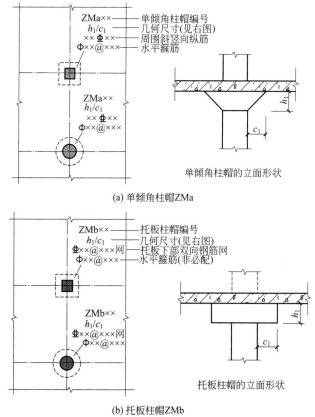

(a) 单倾角柱帽ZMa

(b) 托板柱帽ZMb

图 4-11

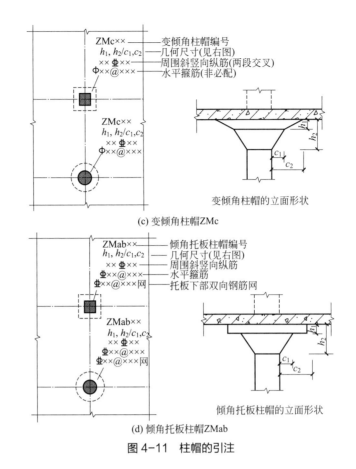

(c) 变倾角柱帽ZMc

(d) 倾角托板柱帽ZMab

图4-11　柱帽的引注

4.2.3.4　局部升降板

局部升降板（SJB）的平面形状及定位由平面布置图表达，其他内容由引注内容表达，见图4-12。局部升降板的平面形状及定位由平面布置图表达，其他内容由引注内容表达。

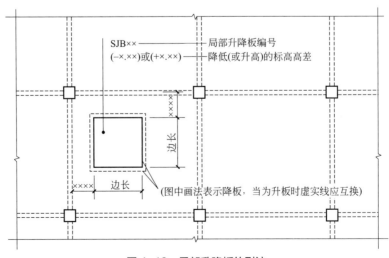

图4-12　局部升降板的引注

局部升降板的板厚、壁厚和配筋，在标准构造详图中与所在板块的板厚、壁厚和配筋相同时，设计不注；当采用不同板厚、壁厚和配筋时，设计应补充绘制截面配筋图。

局部升降板升高与降低的高度，在标准构造详图中限定为小于或等于300mm，当高度大于300mm时，设计应补充绘制截面配筋图。

4.2.3.5 板加腋

板加腋（JY）的位置与范围由平面布置图表达，腋宽、腋高及配筋等由引注内容表达（图4-13）。

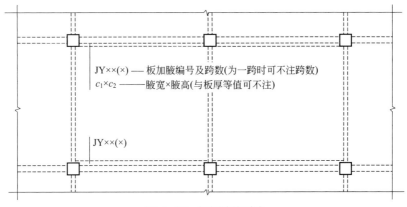

图4-13 板加腋的引注

当为板底加腋时腋线应为虚线，当为板面加腋时腋线应为实线；当腋宽与腋高同板厚时，设计不注。加腋配筋与标准构造相同时，设计不注；当加腋配筋与标准构造不同时，设计应补充绘制截面配筋图。

4.2.3.6 板开洞

板开洞（BD）的平面形状及定位由平面布置图表达，洞的几何尺寸等由引注内容表达（图4-14）。当矩形洞口边长或圆形洞口直径小于或等于1000mm，且当洞边无集中荷载作用时，洞边补强钢筋可按标准构造的规定设置，设计不注；当洞口周边加强钢筋不伸至支座时，应在图中画出所有加强钢筋，并标注不伸至支座的钢筋长度。当具体工程所需要的补强钢筋与标准构造不同时，设计应加以注明。

当矩形洞口边长或圆形洞口直径大于1000mm，或其虽小于或等于1000mm，但洞边有集中荷载作用时，设计应根据具体情况采取相应的处理措施。

4.2.3.7 板翻边

板翻边（FB）可为上翻也可为下翻，翻边尺寸等在引注内容中表示（图4-15），翻边高度在标准构造详图中为小于或等于300mm。当翻边高度大于300mm时，由设计者自行处理。

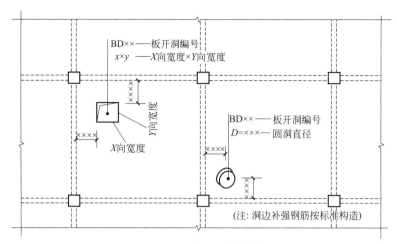

图 4-14 板开洞的引注

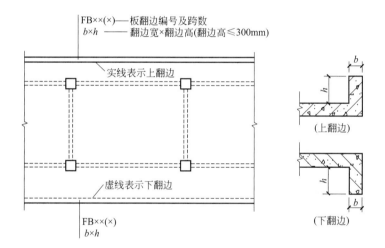

图 4-15 板翻边的引注

4.2.3.8 角部加强筋

角部加强筋（Crs）的引注见图 4-16，通常用于板块角区的上部，根据规范规定的受力要求选择配置。角部加强筋将在其分布范围内取代原配置的板支座上部非贯通纵筋，且当其分布范围内配有板上部贯通纵筋时则间隔布置。

4.2.3.9 悬挑板阴角附加筋

悬挑板阴角附加筋（Cis）的引注（图 4-17），是在悬挑板的阴角部位斜放的附加钢筋，该附加钢筋设置在板上部悬挑受力钢筋的下面。

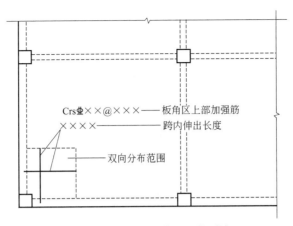

图 4-16 角部加强筋 Crs 的引注

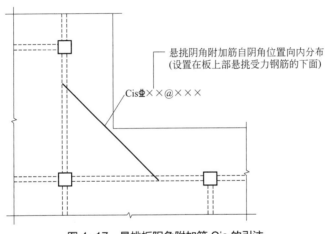

图 4-17 悬挑板阴角附加筋 Cis 的引注

4.2.3.10 悬挑板阳角附加筋

悬挑板阳角附加筋（Ces）的引注见图 4-18。例如注写 Ces7 ⏀ 18，表示悬挑板阳角放射筋为 7 根 HRB400 钢筋，直径为 18mm。

4.2.3.11 抗冲切箍筋

抗冲切箍筋（Rh）的引注见图 4-19。抗冲切箍筋通常在无柱帽、无梁楼盖的柱顶部位设置。

4.2.3.12 抗冲切弯起筋

抗冲切弯起筋（Rb）的引注见图 4-20。

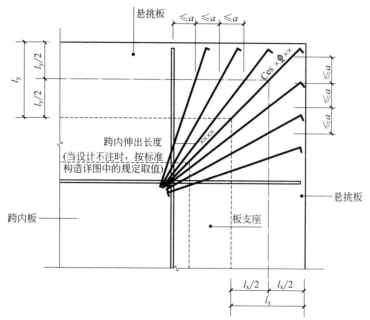

图 4-18　悬挑板阳角附加筋 Ces 的引注

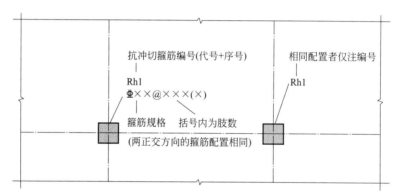

图 4-19　抗冲切箍筋 Rh 的引注

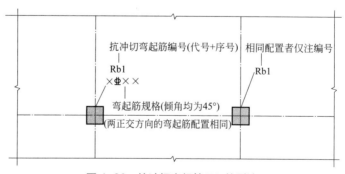

图 4-20　抗冲切弯起筋 Rb 的引注

任务4.3

贯通筋的计算

建议课时：2课时。

知识目标：掌握板贯通筋的构造。

能力目标：能计算板贯通筋工程量。

思政目标：遵守规范、求真务实。

板底贯通筋计算

板顶贯通筋计算

4.3.1 板底贯通筋

4.3.1.1 板底贯通筋的长度

有梁楼盖板的底部贯通筋长度计算公式为：

板底贯通筋长度 = 左支座锚固长度 + 板净跨长 + 右支座锚固长度 +（6.25d×2）+ 搭接长度

注：① 若为 HPB300 光圆钢筋时，两端需带 180° 弯钩，即长度增加 6.25d×2；

② 若长度超过定尺长度且采用绑扎连接时，需计算搭接长度。

图 4-21 为板底筋在梁内的锚固构造。由图 4-21（a）可知，普通楼屋面板的底部钢筋在梁内的锚固长度 =max（5d，1/2 梁宽）；而用于梁板式转换层的楼面板底筋在梁内的锚固长度 = 梁宽 - 保护层厚度 C+15d，见图 4-21（b）。

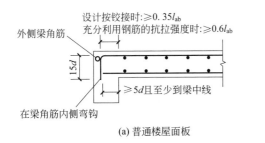

图 4-21 板底筋在梁内的锚固构造

图 4-22 为板底筋在墙内的锚固构造。当板端支座为剪力墙时，板底筋在墙内的锚固应满足：max（5d，1/2 墙厚）。梁板式转换层的板底筋在墙内的锚固长度为 l_{aE}，当板底筋直锚长度不够时，可在墙内弯锚 15d。

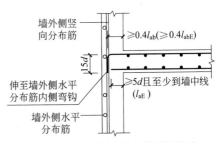

图 4-22 板底筋在墙内的锚固构造

4.3.1.2　板底贯通筋的根数

由图 4-23 可知，板底筋在板跨内分布，第一根和最后一根钢筋的起步距离为 1/2 板筋间距。因此，板底筋的根数计算公式为：

$$单跨内板底贯通筋的根数 = \frac{板净跨长 - 1/2 板筋间距 s \times 2}{s} + 1$$

$$= \frac{板净跨长 - 板筋间距 s}{s} + 1$$

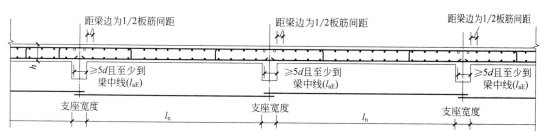

图 4-23　有梁楼盖楼屋面板钢筋构造

4.3.2　板顶贯通筋

4.3.2.1　板顶贯通筋的长度

板中是否设置板顶贯通筋应根据具体设计而定。

有梁楼盖板的顶部贯通筋长度计算公式为：

板顶贯通筋长度 = 左支座锚固长度 + 板净跨长 + 右支座锚固长度 + （6.25d×2）+ 搭接长度

注：① 若为 HPB300 光圆钢筋时，两端需带 180° 弯钩，即长度增加 6.25d×2；

② 若长度超过定尺长度且采用绑扎连接时，需计算搭接长度。

板顶贯通筋在支座内的锚固长度需判断：

当支座宽 - 保护层 $\geqslant l_a$ 时，则直锚，锚固长度 = l_a；

当支座宽 - 保护层 $< l_a$ 时，则弯锚，锚固长度 = 支座宽 - 保护层厚度 C + 15d。

4.3.2.2　板顶贯通筋的根数

板顶贯通筋的根数计算方法同板底贯通筋，即：

$$单跨内板顶贯通筋的根数 = \frac{板净跨长 - 板筋间距 s}{s} + 1$$

【**例4-2**】　已知混凝土强度为C30，梁保护层厚度为20mm，请计算图4-24中楼面板LB1
的钢筋工程量。

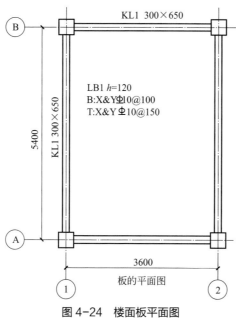

图4-24　楼面板平面图

答：（1）X方向的上部贯通筋 Φ10@150

由于 $b-c$=300-20=280(mm) < l_a=29×10=290(mm)，故弯锚。

L=3600-300+2×(300-20+15×10)=4160(mm)。

$N=\dfrac{5400-300-150}{150}+1=34$（根）。

M=4.16×34×0.617=87.268(kg)。

（2）Y方向的上部贯通筋 Φ10@150

L=5400-300+2×(300-20+15×10)=5960(mm)。

$N=\dfrac{3600-300-150}{150}+1=22$（根）。

M=5.96×22×0.617=80.901(kg)。

（3）X方向的下部贯通筋 Φ10@100

L=3600-300+2×max(300/2，5×10)=3600(mm)。

$N=\dfrac{5400-300-100}{100}+1=51$（根）。

M=3.6×51×0.617=113.281(kg)。

（4）Y方向的下部贯通筋 Φ10@100

L=5400-300+2×max(300/2，5×10)=5400(mm)。

$N=\dfrac{3600-300-100}{100}+1=33$（根）。

M=5.4×33×0.617=109.949(kg)。

任务4.4

支座负筋的计算

建议课时： 2课时。

知识目标： 掌握板支座负筋的构造。

能力目标： 能计算板支座负筋工程量。

思政目标： 安全责任、规范标准。

支座负筋
计算

4.4.1　端支座负筋

4.4.1.1　端支座负筋的长度

端支座负筋与板顶贯通筋在支座内的锚固方式相同。负筋向板跨内伸出的长度应按设计标注，最终以90°向板内下弯。端支座负筋长度计算公式为：

端支座负筋长度 = 锚固长度 + 伸入板内净长 + 板内弯折长度

注：① 锚固长度需判断：

当支座宽 - 保护层 ≥ l_a 时，则直锚，锚固长度 = l_a；

当支座宽 - 保护层 < l_a 时，则弯锚，锚固长度 = 支座宽 - 保护层厚度 C + 15d。

② 伸入板内净长从支座边缘算起，注意图纸中的负筋标注长度的起止位置。

③ 板内弯折长度 = 板厚 h - 板保护层厚度 C × 2。

4.4.1.2　端支座负筋的根数

端支座负筋的根数计算方法同贯通筋，即：

$$单跨内端支座负筋的根数 = \frac{板净跨值 - 板筋间距 s}{s} + 1$$

4.4.2　中间支座负筋

4.4.2.1　中间支座负筋的长度

中间支座负筋的构造见图4-23，其长度计算公式为：

$$中间支座负筋长度 = 水平长度 + 板内弯折长度 \times 2$$

注：①水平长度为负筋支座两侧的标注长度之和；②板内弯折长度 = 板厚 h − 板保护层厚度 $C \times 2$。

4.4.2.2　中间支座负筋的根数

中间支座负筋根数的计算方法同贯通筋，即：

$$单跨内中间支座负筋的根数 = \frac{板净跨值 - 板筋间距 s}{s} + 1$$

4.4.3　跨板负筋

跨板负筋即负筋一侧贯通短跨板或贯通全悬挑板。标注时线段画至对边贯通全跨或贯通全悬挑长度，贯通全跨或伸出至全悬挑一侧的长度值不注，只注明非贯通筋另一侧的伸出长度值。

4.4.3.1　跨板负筋的长度

跨板负筋的长度计算公式为：

$$跨板负筋长度 = 短跨板（悬挑端）端部锚固 + 水平长度 + 板内弯折长度$$

注：板内弯折长度 = 板厚 h − 板保护层厚度 $C \times 2$。

4.4.3.2　跨板负筋的根数

跨板负筋根数的计算方法同贯通筋，即：

$$单跨内跨板负筋的根数 = \frac{板净跨值 - 板筋间距 s}{s} + 1$$

【例 4-3】　已知计算参数：①混凝土强度为 C30；②梁保护层为 25mm、板保护层为 15mm；③梁宽均为 300mm，轴线居中。请计算图 4-25 中 LB1 的 1 号和 2 号负筋筋工程量。

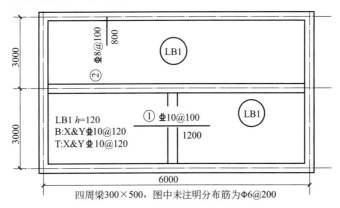

四周梁 300×500，图中未注明分布筋为 Φ6@200

图 4-25　板的平面图

答：（1）1 号中间支座负筋 ⚇10@100

长度 L= 2×1200+(120-2×15)×2=2580(mm)。

根数 N= $\dfrac{3000-300-100}{100}$ +1=27（根）。

工程量 M=2.58×27×0.617=42.98(kg)。

（2）2 号端支座负筋 ⚇8@100

梁宽 - 保护层 =300-25=275mm<l_a=35×8=280mm，则弯锚。

长度 L=300-25+15×8+800-150+120-2×15=1135(mm)。

根数 N= $\dfrac{6000-300-100}{100}$ +1=57（根）。

工程量 M=1.135×57×0.395=25.55(kg)。

任务4.5 分布筋的计算

建议课时： 1课时。

知识目标： 掌握板分布筋的构造。

能力目标： 能计算板分布筋工程量。

思政目标： 追求精准、信守精诚。

分布筋计算

板分布筋是与受力筋垂直方向布置的非受力筋，主要作用是固定受力钢筋的位置并将板上的荷载分散到受力钢筋。分布筋与两侧同方向负筋的搭接长度各为150mm。其计算公式为：

$$分布筋长度 = 板净跨长 - 两侧负筋在板内的净长 +150×2$$

$$分布筋根数 = \frac{负筋板内净长 - 分布筋间距s/2}{分布筋间距s} +1$$

【例4-4】 已知计算参数：①未注明分布筋为Φ8@250；②负筋标注长度从梁中线出发；③梁宽均为250mm，板厚120mm。请计算图4-26中板中3号负筋下的分布筋工程量。

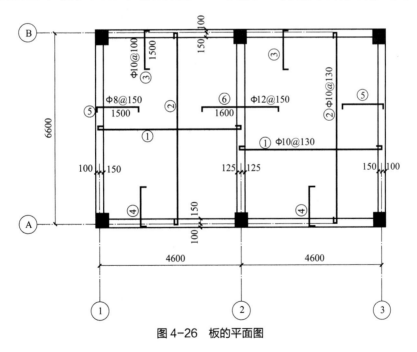

图4-26 板的平面图

答： 3号负筋下分布筋单根长度为

$$L=4600-150-125+250-1500-1600+150×2=1775(mm)$$

1-2轴间根数 $N=(1500-125-125)/250+1=6$（根）；2-3轴间根数也为6根。

质量 $=1.775×12×0.395 =8.41(kg)$。

任务4.6

温度筋的计算

建议课时： 1课时。

知识目标： 掌握板温度筋的构造。

能力目标： 能计算板温度筋工程量。

思政目标： 思维活跃、举一反三。

温度筋计算

在温度、收缩应力较大的现浇板区域内，为防止板顶混凝土因温度变化而开裂，而在板顶配置的防裂构造钢筋为温度筋。板中是否配置温度筋由设计者确定。当分布筋兼作温度筋时，其自身及与受力主筋、构造钢筋的搭接长度为 l_l，其在支座的锚固按受拉要求考虑。

温度筋的构造如图 4-27 所示。

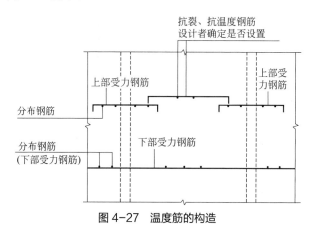

图 4-27　温度筋的构造

温度筋的计算公式为：

温度筋长度 = 板净跨长 − 左侧负筋板内净长 − 右侧负筋板内净长 + 搭接长度 l_l ×2

$$温度筋根数 = \frac{另一方向的板净跨长 - 两侧负筋板内净长 - 温度筋间距s \times 2}{温度筋间距s} + 1$$

任务4.7
马凳筋的计算

建议课时： 1课时。

知识目标： 掌握板的马凳筋的构造。

能力目标： 能计算板的马凳筋工程量。

思政目标： 严谨细致、求真务实。

马凳筋计算

马凳筋，也称撑筋（铁马），用于上下两层板钢筋中间，起固定支撑上层板钢筋的作用，如图4-28所示。

图4-28　马凳筋

马凳筋的规格型号一般不在图纸中标注，而在施工组织设计中列明。只有少数大型建筑工程会在图纸中专门标注马凳筋。如设计未说明，马凳筋计算可参考当地预算定额。例如《浙江省房屋建筑与装饰工程预算定额（2018年版）》中关于马凳筋的规定有以下两点。

① 马凳筋均按同板中小规格主筋计算。

② 板中每平方米3个，长度按板厚度乘以2再加0.1m计算。基础底板每平方米1个，长度按底板厚乘以2再加1m计算。

由此可知：

$$板中马凳筋的单根长度 = 板厚\ h \times 2 + 0.1m$$

$$基础底板中马凳筋的单根长度 = 底板厚\ h \times 2 + 1m$$

$$板中马凳筋的根数 = 板的顶部钢筋网净面积 \times 3$$

$$基础底板中马凳筋的根数 = 基础底板的顶部钢筋网净面积 \times 1$$

思考与练习

？

已知计算参数：①分布筋为Φ8@250；②梁保护层厚度为25mm、板保护层厚度为15mm；③梁宽均为300mm，板厚130mm；④混凝土强度等级C30。请计算图4-29中LB1和LB2的钢筋工程量。

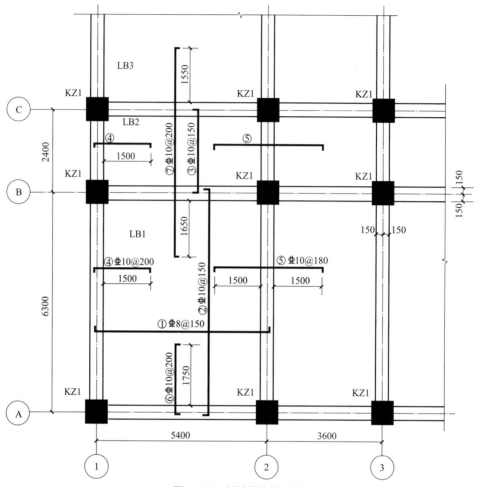

图 4-29　板的结构施工图

项目 **5**

墙的平法钢筋算量

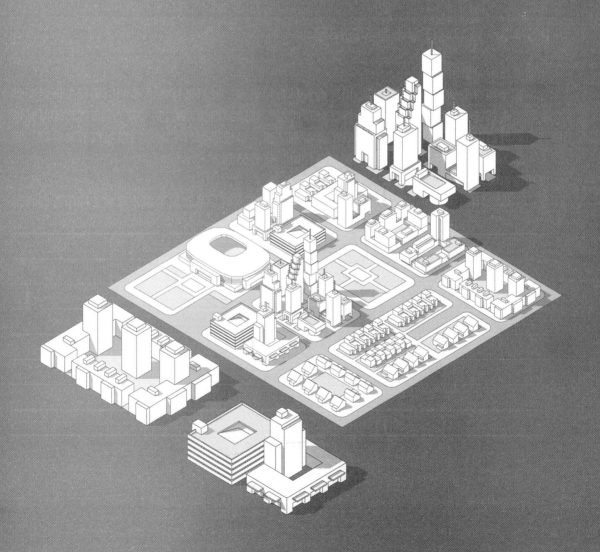

任务5.1

墙的钢筋分类

建议课时： 1课时。

知识目标： 掌握剪力墙的钢筋种类及特征。

能力目标： 能分辨剪力墙的钢筋类型。

思政目标： 精诚团结，相辅相成。

剪力墙是用钢筋混凝土墙板来代替框架结构中的梁、柱的一种构件，这种构件不仅能够承担各类荷载引起的内力，并能有效控制结构的水平力。在实际工程中，钢筋混凝土框架结构一般用于10层以下的住宅、办公楼等建筑。当建筑物层数继续增加时，风荷载对建筑物的水平推力越来越大，结构上常常通过布置剪力墙来抵抗这种水平推力。

常见的剪力墙结构有框架剪力墙结构、剪力墙结构、框支剪力墙结构等。

剪力墙主要由墙身、墙柱、墙梁三部分组成。其中墙身钢筋包括水平分布筋、竖向分布筋、拉筋，墙柱和墙梁钢筋包括纵筋和箍筋，如图5-1所示。

(a) 墙梁   (b) 墙身

图5-1　剪力墙钢筋

剪力墙钢筋的分类如图5-2所示。

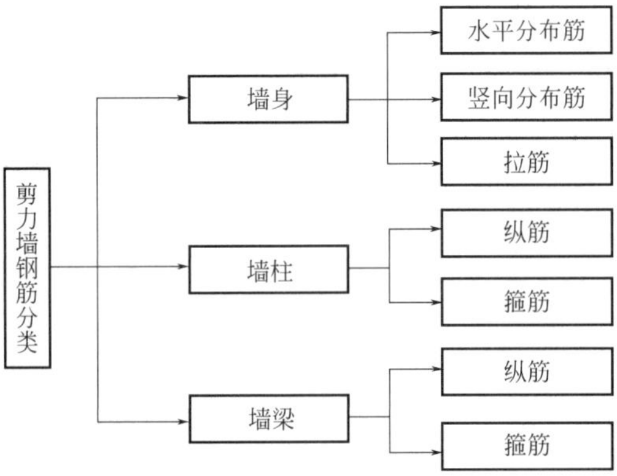

```
                                    ┌─── 水平分布筋
                      ┌─── 墙身 ────┼─── 竖向分布筋
                      │             └─── 拉筋
          剪力墙      │             ┌─── 纵筋
          钢筋分类 ───┼─── 墙柱 ────┤
                      │             └─── 箍筋
                      │             ┌─── 纵筋
                      └─── 墙梁 ────┤
                                    └─── 箍筋
```

图5-2　剪力墙钢筋的分类

任务5.2

墙的平法识图

建议课时： 3课时。

知识目标： 掌握墙的平法施工图的注写方法。

能力目标： 能识读墙的平法施工图信息。

思政目标： 严谨细致、匠心精神。

列表注写　　截面注写

剪力墙平法施工图在剪力墙平面布置图上采用列表注写方式或截面注写方式表达。

剪力墙平面布置图可采用适当比例单独绘制，也可与柱或梁平面布置图合并绘制。当剪力墙比较复杂或采用截面注写方式时，应按标准层分别绘制剪力墙平面布置图。在实际工程中常采用列表注写方式，因为列表注写方式所需剪力墙平面布置图数量较少，而对截面注写方式，每个标准层都要绘制剪力墙平面布置图。

在剪力墙平法施工图中，应按16G101系列图集规定注明各结构层的楼面标高、结构标高及相应的结构层号，尚应注明上部结构嵌固部位位置。

对于轴线未居中的剪力墙（包括端柱），应标注其偏心定位尺寸。若未标注偏心定位尺寸，则默认为轴线居中。

5.2.1 列表注写方式

剪力墙列表注写方式，是分别在剪力墙柱表、剪力墙身表和剪力墙梁表中，对应于剪力墙平面布置图上的编号，用绘制截面配筋图并注写几何尺寸与配筋具体数值的方式，来表达剪力墙平法施工图。即采用列表注写方式绘制的剪力墙图纸包括四大部分：平面布置图、墙身表、墙柱表、墙梁表。平面布置图上表示墙柱、墙身、墙梁的编号及定位尺寸，表格中表示墙柱、墙身、墙梁的具体尺寸及配筋信息，如图5-3所示。

5.2.1.1 编号规定

将剪力墙按剪力墙柱、剪力墙身、剪力墙梁（简称墙柱、墙身、墙梁）三类构件分别编号。

（1）墙柱编号

由墙柱类型代号和序号组成，表达形式应符合表5-1的规定。

表 5-1 墙柱编号

墙柱类型	代 号	序 号	举 例
约束边缘构件	YBZ	××	
构造边缘构件	GBZ	××	如：YBZ1 表示编号为 1 的约束边缘构件
非边缘构件	AZ	××	
扶壁柱	FBZ	××	

剪力墙梁表

编号	所在楼层号	梁顶相对标高高差	梁截面 b×h	上部纵筋	下部纵筋	箍筋
LL1	2~9	0.800	300×2000	4Φ25	4Φ25	Φ10@100(2)
	10~16	0.800	250×2000	4Φ22	4Φ22	Φ10@100(2)
	屋面1		250×1200	4Φ20	4Φ20	Φ10@100(2)
LL2	3	-1.200	300×2520	4Φ25	4Φ25	Φ10@150(2)
	4	-0.900	300×2070	4Φ25	4Φ25	Φ10@150(2)
	5~9	-0.900	300×1770	4Φ25	4Φ25	Φ10@150(2)
	10~屋面1	-0.900	250×1770	4Φ22	4Φ22	Φ10@150(2)
LL3	2		300×2070	4Φ25	4Φ25	Φ10@100(2)
	3		300×1770	4Φ25	4Φ25	Φ10@100(2)
	4~9		300×1170	4Φ25	4Φ25	Φ10@100(2)
	10~屋面1		250×1170	4Φ22	4Φ22	Φ10@100(2)
LL4	2		250×2070	4Φ20	4Φ20	Φ10@120(2)
	3		250×1770	4Φ20	4Φ20	Φ10@120(2)
	4~屋面1		250×1170	4Φ20	4Φ20	Φ10@120(2)
AL1	2~9		300×600	3Φ20	3Φ20	Φ8@150(2)
	10~16		250×500	3Φ18	3Φ18	Φ8@150(2)
BKL1	屋面1		500×750	4Φ22	4Φ22	Φ10@150(2)

剪力墙身表

编号	标高	墙厚	水平分布筋	垂直分布筋	拉筋(矩形)
Q1	-0.030~30.270	300	Φ12@200	Φ12@200	Φ6@600@600
	30.270~59.070	250	Φ10@200	Φ10@200	Φ6@600@600
Q2	-0.030~30.270	250	Φ10@200	Φ10@200	Φ6@600@600
	30.270~59.070	200	Φ10@200	Φ10@200	Φ6@600@600

-0.030~12.270剪力墙平法施工图
(剪力墙柱表见下页)

层号	标高(m)	层高(m)
屋面2	65.670	
塔层2	62.370	3.30
(塔层1)屋面1	59.070	3.30
16	55.470	3.60
15	51.870	3.60
14	48.270	3.60
13	44.670	3.60
12	41.070	3.60
11	37.470	3.60
10	33.870	3.60
9	30.270	3.60
8	26.670	3.60
7	23.070	3.60
6	19.470	3.60
5	15.870	3.60
4	12.270	3.60
3	8.670	3.60
2	4.470	4.20
1	-0.030	4.50
-1	-4.530	4.50
-2	-9.030	4.50

结构层楼面标高
结构层高

上部结构嵌固部位:
-0.030

剪力墙柱表

截面	YBZ1	YBZ2	YBZ3	YBZ4
编号	YBZ1	YBZ2	YBZ3	YBZ4
标高	−0.030～12.270	−0.030～12.270	−0.030～12.270	−0.030～12.270
纵筋	24Φ20	22Φ20	18Φ22	20Φ20
箍筋	Φ10@100	Φ10@100	Φ10@100	Φ10@100

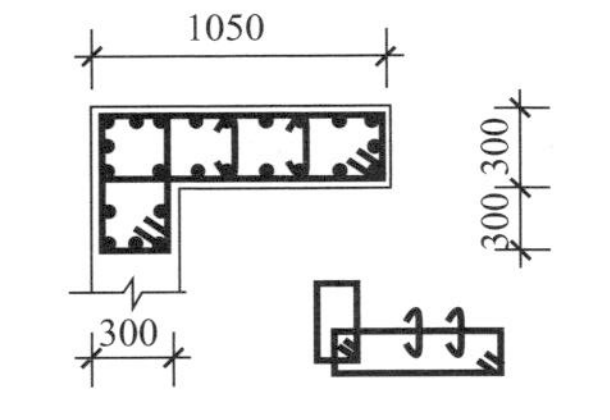

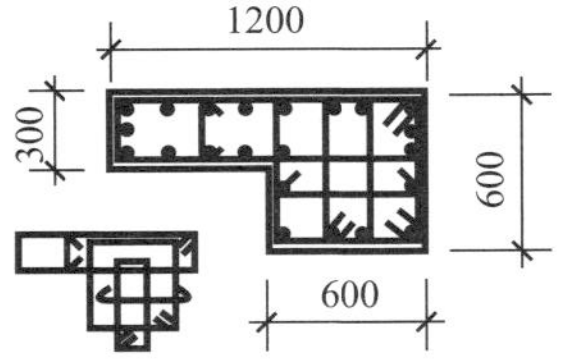

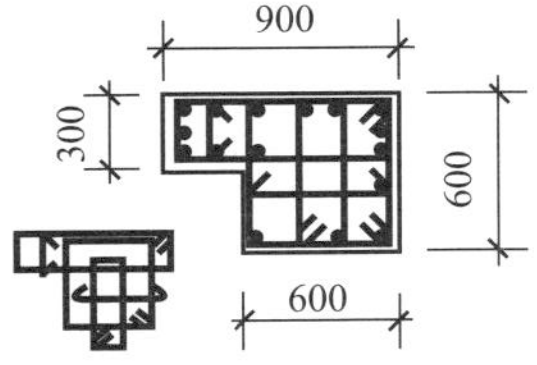

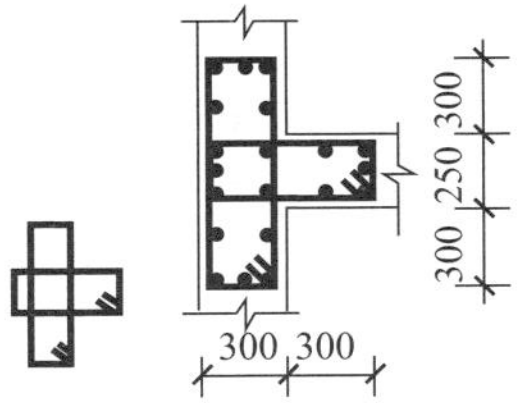

截面	YBZ5	YBZ6	YBZ7
编号	YBZ5	YBZ6	YBZ7
标高	−0.030～12.270	−0.030～12.270	−0.030～12.270
纵筋	20Φ20	28Φ20	16Φ20
箍筋	Φ10@100	Φ10@100	Φ10@100

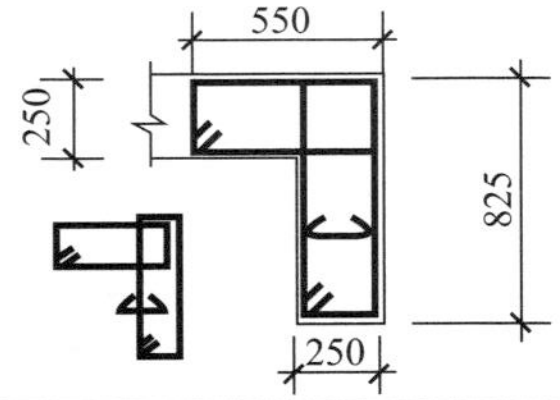

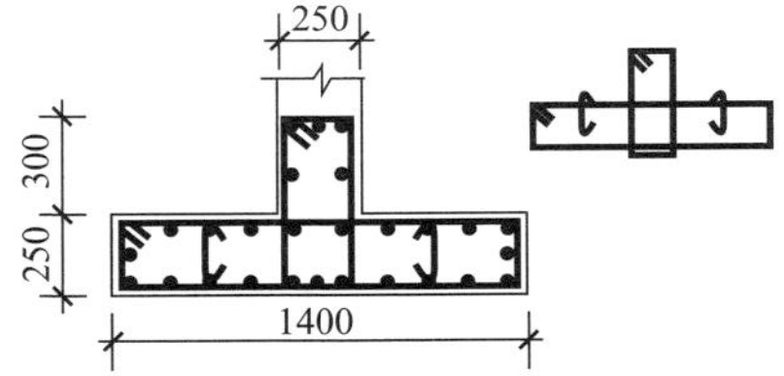

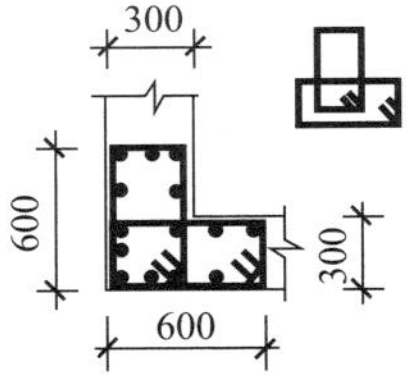

图5-3　剪力墙列表注写方式

−0.030～12.270剪力墙平法施工图(部分剪力墙柱表)

层号	标高 (m)	层高 (m)
屋面2	65.670	
塔层2	62.370	3.30
屋面1（塔层1）	59.070	3.30
16	55.470	3.60
15	51.870	3.60
14	48.270	3.60
13	44.670	3.60
12	41.070	3.60
11	37.470	3.60
10	33.870	3.60
9	30.270	3.60
8	26.670	3.60
7	23.070	3.60
6	19.470	3.60
5	15.870	3.60
4	12.270	3.60
3	8.670	3.60
2	4.470	4.20
1	−0.030	4.50
−1	−4.530	4.50
−2	−9.030	4.50
层号	标高 (m)	层高 (m)

结构层楼面标高
结构层高

上部结构嵌固部位：
−0.030

① 约束边缘构件（YBZ）与构造边缘构件（GBZ）。16G101 系列图集中将位于墙端头的墙柱称为边缘构件。对于抗震等级一至三级的剪力墙底部加强部位及其上一层的剪力墙肢，应设置约束边缘构件。其他部位应设置构造边缘构件。约束边缘构件对配筋率等要求更严，用在比较重要的受力较大的结构部位；构造边缘构件要求则松一些。

16G101 系列图集中将柱宽小于或等于墙厚的墙柱称为暗柱，用 AZ 表示；将柱宽大于墙厚，柱面凸出墙面的墙柱叫做端柱，用 DZ 表示；将 T 形的墙柱叫做翼墙，用 YZ 表示；将 L 形的墙柱叫做转角柱，用 JZ 表示。因此，约束边缘构件就包括约束边缘暗柱、约束边缘端柱、约束边缘翼墙、约束边缘转角柱四种，如图 5-4 所示。同理，构造边缘构件包括构造边缘暗柱、构造边缘端柱、构造边缘翼墙、构造边缘转角柱四种，如图 5-5 所示。

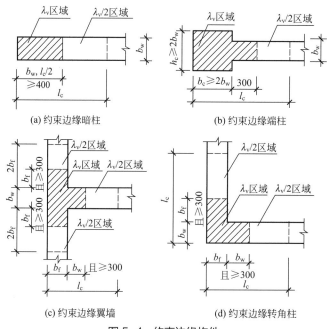

(a) 约束边缘暗柱　　　　(b) 约束边缘端柱

(c) 约束边缘翼墙　　　　(d) 约束边缘转角柱

图 5-4　约束边缘构件

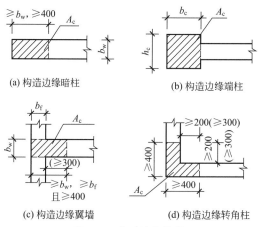

(a) 构造边缘暗柱　　　　(b) 构造边缘端柱

(c) 构造边缘翼墙　　　　(d) 构造边缘转角柱

图 5-5　构造边缘构件

② 非边缘暗柱（AZ）。非边缘暗柱是指在墙中间而不在端头的暗柱，如图5-6（a）所示。

③ 扶壁柱（FBZ）。扶壁柱是指为了增加墙的强度或刚度，紧靠墙体并与墙体同时施工的柱，如图5-6（b）所示。

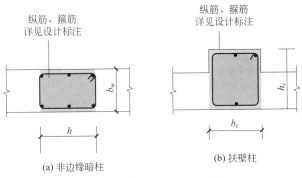

图 5-6　非边缘暗柱及扶壁柱

（2）墙身编号

由墙身代号、序号以及墙身所配置的水平与竖向分布钢筋的排数组成，其中排数注写在括号内。表达形式为：Q××（××排）。

注：① 在编号中：如若干墙柱的截面尺寸与配筋均相同，仅截面与轴线的关系不同时，可将其编为同一墙柱号；又如若干墙身的厚度尺寸与配筋均相同，仅墙厚与轴线的关系不同或墙身长度不同时，也可将其编为同一墙身号，但应在图中注明与轴线的几何关系。

② 当墙身所设置的水平与竖向分布钢筋的排数为2时可不注。

③ 对于分布钢筋网的排数规定：当剪力墙厚度不大于400mm时，应配置双排；当剪力墙厚度大于400mm，但不大于700mm时，宜配置三排；当剪力墙厚度大于700mm时，宜配置四排，如图5-7所示。

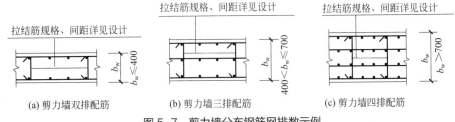

图 5-7　剪力墙分布钢筋网排数示例

各排水平分布钢筋和竖向分布钢筋的直径与间距宜保持一致。

当剪力墙配置的分布钢筋多于两排时，剪力墙拉筋两端应同时勾住外排水平纵筋和竖向纵筋，还应与剪力墙内排水平纵筋和竖向纵筋绑扎在一起。

（3）墙梁编号

墙梁编号由墙梁类型代号和序号组成，表达形式应按表5-2的规定。

表 5-2　墙梁编号

墙梁类型	代号	序号
连梁	LL	××
连梁（对角暗撑配筋）	LL（JC）	××
连梁（交叉斜筋配筋）	LL（JX）	××
连梁（集中对角斜筋配筋）	LL（DX）	××
连梁（跨高比不少于 5）	LLk	××
暗梁	AL	××
边框梁	BKL	××

① 在具体工程中，当某些墙身需设置暗梁或边跨梁时，宜在剪力墙平法施工图中绘制暗梁或边框梁的平面布置图并编号，以明确其具体位置。

② 跨高比不小于 5 的连梁按框架梁设计时，代号为 LLk。

从墙梁的编号可以看出，墙梁有三种类型。第一种是连梁，一般在门窗洞口上方布置，起着相当于砌体墙中的过梁的作用。第二种是暗梁，宽度与墙体的厚度一致，一般设置在墙的顶部，起着相当于砌体中的圈梁的作用。第三种是边框梁，其宽度比墙厚要大，相当于框架结构中的框架梁的作用。

5.2.1.2　剪力墙柱表中表达的内容

剪力墙柱表的注写如表 5-3 所示。

表 5-3　剪力墙柱表的注写

截面	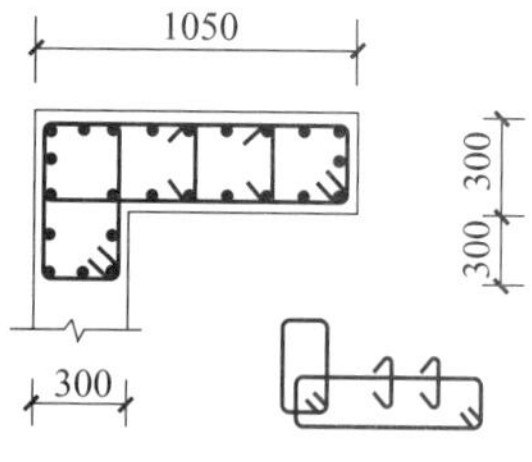
编号	YBZ2
标高	−0.030 ～ 12.270
纵筋	22 Φ 20
箍筋	Φ 10@100

剪力墙柱表的注写内容如下。

① 注写墙柱表编号，绘制该墙柱的截面配筋图，标注墙柱几何尺寸。

墙柱的截面一般为异形，配筋图与框架柱配筋图相似，由纵筋和箍筋构成，纵筋需区分角筋和边筋，箍筋一般为复合箍。

② 注写各段墙柱的起止标高，自墙柱根部往上以变截面位置或截面未变但配筋改变柱标高范围及楼层标高对照表，可以判断出墙柱所在的楼层号。

③ 注写各段墙柱的纵向钢筋和箍筋，注写值应与剪力墙柱表中绘制的截面配筋图对应一致。

5.2.1.3　剪力墙身表中表达的内容

剪力墙身表的注写如表5-4所示。

表5-4　剪力墙身表的注写

编号	标高	墙厚	水平分布筋	竖向分布筋	拉筋（矩形）
Q1	−0.030 ~ 30.270	300	Φ12@200	Φ12@200	Φ6@600@600
	30.270 ~ 59.070	250	Φ10@200	Φ10@200	Φ6@600@600
Q2	−0.030 ~ 30.270	250	Φ10@200	Φ10@200	Φ6@600@600
	30.270 ~ 59.070	200	Φ10@200	Φ10@200	Φ6@600@600

剪力墙身表的注写内容如下。

① 注写墙身编号（含水平与竖向分布钢筋的排数，未标注排数时，默认为2排）。

② 注写各段墙身起止标高，自墙身根部往上以变截面位置或截面未变但配筋改变处为界分段注写。墙身根部标高一般指基础顶面标高（部分框支剪力墙结构则为框支梁的顶面标高）。

③ 注写水平分布筋、竖向分布筋和拉筋的具体数值。注写数值为一排水平分布筋和竖向分布筋的规格及间距，具体设置几排已经在墙身编号后面表达。水平筋和竖向筋的识读方法与板筋类似。

拉结筋应注明布置方式是"矩形"或"梅花"布置，用于剪力墙分布钢筋的拉结，见图5-8（图中 a 为竖向分布筋间距，b 为水平分布筋间距）。

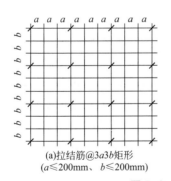
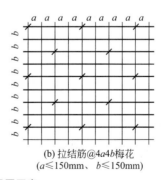

(a)拉结筋@3a3b矩形　　　　(b)拉结筋@4a4b梅花
(a≤200mm、b≤200mm)　　(a≤150mm、b≤150mm)

图5-8　拉结筋设置示意

5.2.1.4　剪力墙梁表中表达的内容

剪力墙梁表的注写如表5-5所示。

表 5-5　剪力墙梁表的注写

编号	所在楼层号	梁顶相对标高高差	梁截面 $b×h$	上部纵筋	下部纵筋	箍筋
LL1	2-9	0.800	300×2000	4⊈22	4⊈22	Φ10@100（2）
	10-16	0.800	250×2000	4⊈20	4⊈20	Φ10@100（2）
	屋面1		250×1200	4⊈20	4⊈20	Φ10@100（2）
AL1	2-9		300×600	3⊈20	3⊈20	Φ8@150（2）
	10-16		250×500	3⊈18	3⊈18	Φ8@150（2）
BKL1	屋面1		500×750	4⊈22	4⊈22	Φ10@150（2）

剪力墙梁表的注写内容如下。

① 注写墙梁所在楼层号。

② 注写墙梁顶面标高高差，是指相对于墙梁所在结构层楼面标高的高差值。高于者为正值，低于者为负值，当无高差时不注。

③ 注写墙梁截面尺寸 $b×h$，上部纵筋、下部纵筋和箍筋的具体数值。钢筋的识读方法与框架梁类似。

④ 当连梁设有对角暗撑时 [代号为 LL(JC)××]，注写暗撑的截面尺寸（箍筋外皮尺寸）；注写一根暗撑的全部纵筋，并标注"×2"表明有两根暗撑相互交叉；注写暗撑箍筋的具体数值。

⑤ 当连梁设有交叉斜筋时 [代号为 LL(JX)××]，注写连梁一侧对角斜筋的配筋值，并标注"×2"表明对称设置；注写对角斜筋在连梁端部设置的拉筋根数、强度级别及直径，并标注"×4"表示四个角都设置；注写连梁一侧折线筋配筋值，并标注"×2"表明对称设置。

⑥ 当连梁设有集中对角斜筋时 [代号为 LL(DX)××]，注写一条对角线上的对角斜筋，并标注"×2"表明对称设置。

⑦ 跨高比不小于 5 的连梁，按框架梁设计时（代号为 LLk××），采用平面注写方式，注写规则同框架梁，可采用适当比例单独绘制，也可与剪力墙平法施工图合并绘制。

墙梁侧面纵筋的配置，当墙身水平分布钢筋满足连梁、暗梁及边框梁的梁侧面纵向构造钢筋的要求时，该筋配置同墙身水平分布钢筋，表中不注，施工按标准构造详图的要求即可。当墙身水平分布钢筋不满足连梁、暗梁及边框梁的梁侧面纵向构造钢筋的要求时，应在墙梁表中补充注明梁侧面纵筋的具体数值；当为 LLk 时，平面注写方式以大写字母"N"开头。梁侧面纵向钢筋在支座内锚固要求同连梁中受力钢筋。

5.2.2　截面注写方式

截面注写方式，是在分标准层绘制的剪力墙平面布置图上，以直接在墙柱、墙身、墙梁上注写截面尺寸和配筋具体数值的方式来表达剪力墙平面施工图，如图 5-9 所示。

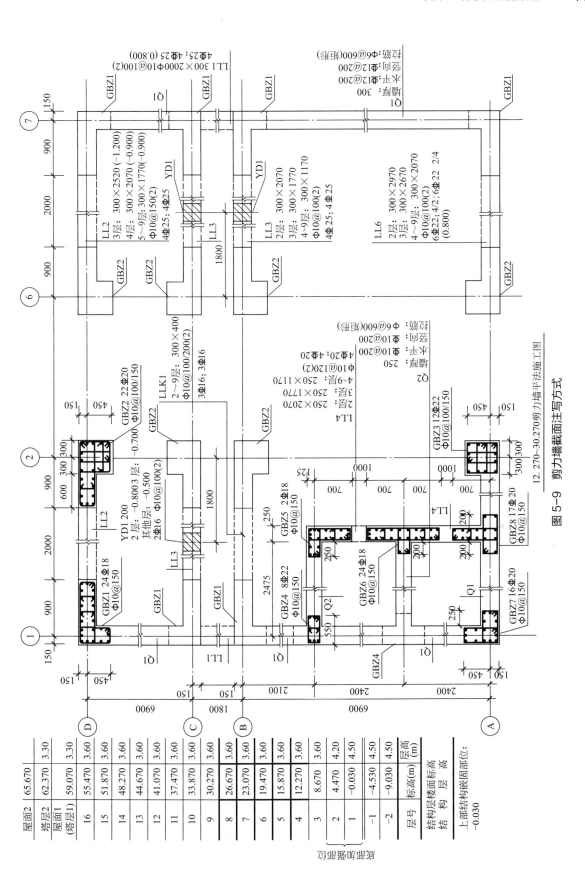

图 5-9　剪力墙截面注写方式

12. 270~30.270剪力墙平法施工图

选用适当比例原位放大绘制剪力墙平面布置图，其中对墙柱绘制配筋截面图；对所有墙柱、墙身、墙梁分别按前述相应编号规定进行编号，并分别在相同编号的墙柱、墙身、墙梁中选择一根墙柱、一道墙身、一根墙梁进行注写，其注写方式按以下规定进行。

① 从相同编号的墙柱中选择一个截面，注明几何尺寸，标注全部纵筋和箍筋的具体数值。

② 从相同编号的墙身中选择一道墙身，按顺序引注的内容为：墙身编号（应包括注写在括号内墙身所配置的水平和竖向分布筋的排数）、墙厚尺寸、水平分布钢筋、竖向分布钢筋和拉筋的具体数值。

③ 从相同编号的墙梁中选择一道墙梁，按顺序引注的内容为：墙梁编号、墙梁截面尺寸、墙梁箍筋、上部纵筋、下部纵筋、墙梁顶面标高差的具体数值。

当墙身水平分布钢筋不能满足连梁、暗梁及边框梁的梁侧面纵向构造钢筋的要求时，应补充注明梁侧面的具体数值；注写时，以大写字母"N"开头，连续注写直径与间距。其在支座内的锚固要求同连梁中受力筋。

5.2.3　剪力墙洞口的表示方法

无论采用列表注写方式还是截面注写方式，剪力墙上的洞口均可在剪力墙平面布置图上原位表达。具体表示方法如下。

在剪力墙平面布置图上绘制洞口示意，并标注洞口中心的平面定位尺寸。在洞口中心位置引注：洞口编号、洞口几何尺寸、洞口中心相对标高、洞口每边补强钢筋四项内容。具体规定如下。

① 洞口编号：矩形洞口为 JD×追（×× 为序号），圆形洞口为 YD×追（×× 为序号）。

② 洞口几何尺寸：矩形洞口为洞宽 × 洞高（$b \times h$），圆形洞口为洞口直径 D。

③ 洞口中心相对标高，是相对于结构层楼（地）面标高的洞口中心高度。当其高于结构层楼面时为正值，低于结构层楼面时为负值。

④ 洞口每边补强钢筋，分以下几种不同情况。

a.当矩形洞口的洞宽、洞高均不大于800mm时，此项注写为洞口每边补强钢筋的具体数值。当洞宽、洞高方向补强钢筋不一致时，分别注写洞宽方向、洞高方向补强钢筋，以"/"分隔。

例如：JD2 400×300　+3.100　3 Φ 14，表示 2 号矩形洞口，洞宽 400mm，洞高 300mm，洞口中心距本结构层楼面3100mm，洞口每边补强钢筋为 3 Φ 14。

JD3 400×300　+3.100，表示 3 号矩形洞口，洞宽 400mm，洞高 300mm，洞口中心距本结构层楼面 3100mm，洞口每边补强钢筋按构造配置。

JD4 800×300　+3.100　3 Φ 18/ 3 Φ 14，表示 4 号矩形洞口，洞宽 800mm，洞高 300mm，洞口中心距本结构层楼面3100mm，洞宽方向补强钢筋为 3 Φ 18，洞高方向补强钢筋为 3 Φ 14。

b.当矩形或圆形洞口的洞宽或直径大于800mm时，在洞口的上、下需设置补强暗梁，此项注写为洞口上、下每边暗梁的纵筋与箍筋的具体数值（在标准构造详图中，补强暗梁梁高一律定为400mm，施工时按标准构造详图取值，设计不注；当设计者采用与该构造详图不同的做法时，应另行注明），对于圆形洞口尚需注明环向加强钢筋的具体数值；当洞口上、下边为剪力墙连梁时，此项免注；洞口竖向两侧设置边缘构件时，亦不在此项表达（当洞口两侧不设置边缘构件时，设计者应给出具体做法）。

例如 JD5 1000×900 +1.400 6⌀20 Φ8@150，表示 5 号矩形洞口，洞宽 1000mm，洞高 900mm，洞口中心距本结构层楼面 1400mm，洞口上下设补强暗梁，每边暗梁纵筋为 6⌀20，箍筋为 Φ8@150。

YD5 1000 +1.800 6⌀20 Φ8@150 2⌀16，表示 5 号圆形洞口，直径 1000mm，洞口中心距本结构层楼面 1800mm，洞口上下设补强暗梁，每边暗梁纵筋为 6⌀20，箍筋为 Φ8@150，环向加强钢筋 2⌀16。

c. 当圆形洞口设置在连梁中部 1/3 范围（且圆洞直径不应大于 1/3 梁高）时，需注写在圆洞上下水平设置的每边补强纵筋与箍筋。

d. 当圆形洞口设置在墙身或暗梁、边框梁位置，且洞口直径不大于 300mm 时，此项注写为洞口上下左右每边布置的补强纵筋的具体数值。

e. 当圆形洞口直径大于 300mm，但不大于 800mm 时，此项注写为洞口上下左右每边布置的补强纵筋的具体数值，以及环向加强钢筋的具体数值。

例如 YD5 600 +1.800 2⌀20 2⌀16，表示 5 号圆形洞口，直径 600mm，洞口中心距本结构层楼面 1800mm，洞口每边补强钢筋为 2⌀20，环向加强钢筋 2⌀16。

5.2.4 地下室外墙的表示方法

本书介绍的地下室外墙仅适用于起挡土作业的地下室围护墙。地下室外墙中墙柱、墙梁及洞口等的表示方法同地上剪力墙。

地下室外墙编号，由墙身代号、序号组成。表达为 DWQ××。

地下室外墙平法施工图平面注写示例如图 5-10 所示，包括集中标注墙体编号、厚度、贯通筋、拉筋等和原位标注附加非贯通筋等两部分内容。当仅设置贯通筋，未设置附加非贯通筋时，则仅做集中标注。

地下室外墙的集中标注，规定如下。

① 注写地下室外墙编号，包括代号、序号、墙身长度（注为 ×× ～ ×× 轴）。

② 注写地下室外墙厚度 b_w=×××。

③ 注写地下室的外侧、内侧贯通筋和拉筋。

注：以 OS 代表外墙外侧贯通筋。其中，外侧水平贯通筋以 H 开头注写，外侧竖向钢筋以 V 开头注写。以 IS 代表外墙内侧贯通筋。其中，内侧水平贯通筋以 H 开头注写，内侧竖向贯通筋以 V 开头注写。以 tb 开头注写拉结筋直径、强度等级及间距，并注明"矩形"或"梅花"。

例如：DWQ2（①～⑥）b_w=300

OS：H⌀18@200，V⌀20@200

IS：H⌀16@200，V⌀18@200

tb：Φ6@400@400 矩形

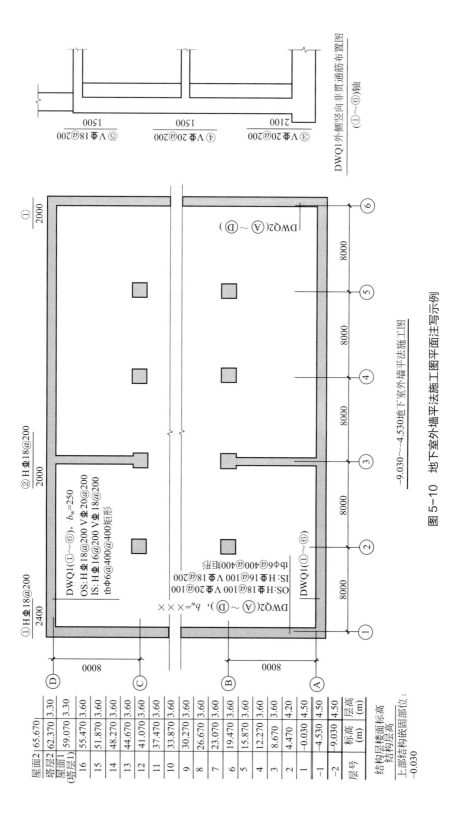

图5-10　地下室外墙平法施工图平面注写示例

表示 2 号外墙，长度范围在①～⑥之间，墙厚为 300mm；外侧水平贯通筋为 Φ18@200，竖向贯通筋为 Φ20@200；内侧水平贯通筋为 Φ16@200，竖向贯通筋为 Φ18@200；拉结筋为 Φ6，矩形布置，水平间距为 400mm，竖向间距为 400mm。

地下室外墙的原位标注，主要表示在外墙外侧配置的水平非贯通筋或竖向非贯通筋。当配置水平非贯通筋时，在地下室墙体平面图上原位标注。在地下室外墙外侧绘制粗实线段代表水平非贯通筋，在其上注写钢筋编号并以 H 开头注写钢筋强度等级、直径、分布间距，以及自支座中线向两边跨内的伸出长度值。当自支座中线向两侧对称伸出时，可仅在单侧标注跨内伸出长度，另一侧不注，此种情况下非贯通筋总长度为标注长度的 2 倍。边支座处非贯通筋的伸出长度值从支座外边缘算起。

地下室外墙外侧非贯通筋通常采用"隔一布一"方式与集中标注的贯通筋间隔布置，其标注间距应与贯通筋相同，两者组合后的实际分布间距为各自标注间距的 1/2。

当在地下室外墙外侧底部、顶部、中层楼板位置配置竖向非贯通筋时，应补充绘制地下室外墙竖向剖面图并在其上原位标注。表示方法为在地下室外墙竖向剖面图外侧绘制粗实线段代表竖向非贯通筋，在其上注写钢筋编号并以 V 开头注写钢筋强度等级、直径、分布间距，以及向上（下）层的伸出长度值，并在外墙竖向剖面图名下注明分布范围（×× ～ ×× 轴）。

注：竖向非贯通筋向层内的伸出长度值注写方式如下。

地下室外墙底部非贯通钢筋向层内的伸出长度值从基础底板顶面算起。

地下室外墙顶部非贯通钢筋向层内的伸出长度值从板顶地面算起。

中层楼板处非贯通钢筋向层内的伸出长度值从板中间算起，当上下两侧伸出长度值相同时可仅注写一侧。

地下室外墙外侧水平、竖向非贯通筋配置相同者，可仅选择一处注写，其他可仅注写编号。当在地下室外墙顶部设置水平通长加强钢筋时应注明。

任务5.3

墙身的钢筋计算

建议课时： 3课时。
知识目标： 掌握墙身钢筋的构造。
能力目标： 能计算墙身钢筋工程量。
思政目标： 遵守规范、求真务实。

水平分布筋构造

竖向分布筋构造

剪力墙墙身的钢筋由水平分布筋、竖向分布筋和拉筋组成。由于剪力墙身钢筋计算受诸多因素的影响，例如剪力墙的形状、配筋、开洞、墙梁以及边缘构件的类型等，很难总结出适合所有情况的计算公式。本书仅以最基础的剪力墙形式为例，总结计算公式，在具体的计算中要从实际情况出发来调整计算公式。

5.3.1 水平分布筋计算

5.3.1.1 水平分布筋的长度计算

剪力墙墙身钢筋构造类似于板钢筋，水平分布筋和竖向分布筋相互交错形成钢筋网片。水平分布筋在端部锚入边缘构件。当边缘构件不同时，水平分布筋的锚固也不同，主要分为以下几种情况。

（1）端部有或无暗柱

当剪力墙端部无暗柱 [图 5-11（a）]、有暗柱 [图 5-11（b）] 或有 L 形暗柱 [图 5-11（c）] 时，剪力墙水平分布筋都是在端部弯折 $10d$。所以水平分布筋长度计算公式为：

$$水平分布筋单根长度 = 剪力墙长度 -2C+10d\times2$$

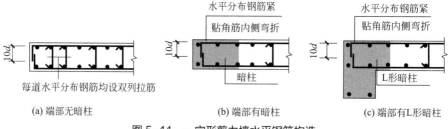

(a) 端部无暗柱   (b) 端部有暗柱   (c) 端部有L形暗柱

图 5-11 一字形剪力墙水平钢筋构造

【例 5-1】 已知计算参数：①墙身水平分布筋为 Φ10@200；②墙混凝土保护层厚度为 15mm。请计算图 5-12 中剪力墙水平分布筋的单根长度。

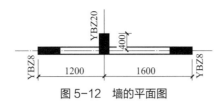

图 5-12　墙的平面图

答：水平钢筋单根长度 =1200+1600-15×2+10×10×2=2970(mm)。

（2）端部有端柱

如图 5-13 所示，当剪力墙有端柱时，水平分布筋伸至端柱对边弯折 15d。当端柱宽度 h_c-保护层厚度 $C \geqslant l_{aE}$ 时，不平齐一侧的钢筋可不弯折 [如图 5-13（a）中的两侧钢筋和图 5-13（b）中的内侧钢筋]。

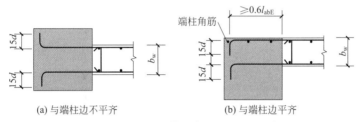

图 5-13　水平钢筋在端柱内的锚固构造

水平分布筋在端柱内的锚固长度如下。

① 与端柱边不平齐 [图 5-13（a）]。内外侧水平分布筋的锚固长度需判断：当端柱宽 h_c- 保护层厚度 $C \geqslant l_{aE}$ 时，可直锚，锚固长度 =h_c-C ；当 h_c-C < l_{aE} 时，需弯锚 15d，锚固长度 =h_c-C+15d。

② 与端柱边平齐 [图 5-13（b）]。对于内侧水平分布筋需判断直锚或弯锚，但对于外侧水平分布筋只能弯锚 15d，锚固长度取值与上述相同。

（3）转角有暗柱

如图 5-14 所示，当剪力墙出现转角暗柱时，内侧水平分布筋伸至对边弯折 15d，外侧水平分布筋伸至对边弯折 $0.8l_{aE}$。

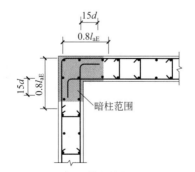

图 5-14　水平钢筋在转角暗柱内的构造

水平分布筋在转角暗柱内的锚固长度如下。

① 内侧分布筋

$$锚固长度 = 墙厚 -C+15d$$

② 外侧分布筋

$$锚固长度 = 墙厚 -C+0.8l_{aE}$$

（4）转角有端柱

如图 5-15 所示，当剪力墙有转角端柱时，水平分布筋伸至端柱对边弯折 15d。当端柱宽度 h_c- 保护层厚度 $C \geqslant l_{aE}$ 时，与端柱不平齐一侧的水平分布筋可不弯折。其锚固长度计算同端部有端柱。

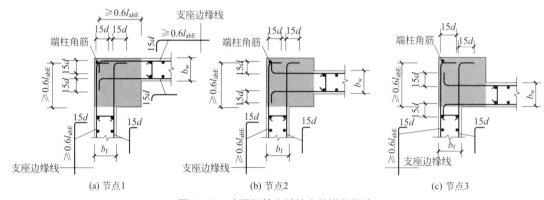

图 5-15 水平钢筋在端柱内的锚固构造

【例 5-2】 已知计算参数：①墙身水平分布筋为 Φ10@200；②墙混凝土保护层厚度为 15mm；③抗震等级为一级；④混凝土强度等级为 C30。请计算图 5-16 中剪力墙水平分布筋的单根长度。

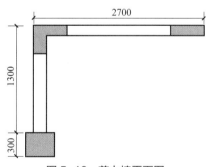

图 5-16 剪力墙平面图

答：（1）横向

墙内侧水平钢筋长度 =2700-15×2+10×10+15×10=2920(mm)

墙外侧水平钢筋长度 =2700-15×2+10×10+0.8×33×10=3034(mm)

（2）纵向

墙内侧水平钢筋长度 =1300+300-15×2+15×10+15×10=1870(mm)

墙外侧水平钢筋长度 =1300+300−15×2+15×10+0.8×33×10=1984(mm)

5.3.1.2 水平分布筋的根数计算

剪力墙水平分布筋的根数计算可分为基础内和楼层内。

（1）基础内水平分布筋根数

根据《混凝土结构施工图平面整体表示方法制图规则和构造详图（现浇混凝土板式楼梯）》（以下简称 16G101-2 图集）规定，水平分布筋在基础内的间距 $s \leqslant 500$mm，且不少于两道，如图 5-17 所示，基础内水平分布筋距离基顶的起步距离为 100mm。

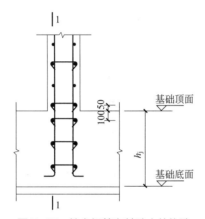

图 5-17 墙身钢筋在基础内的构造

如设计未说明时：

$$基础内水平分布筋的单排根数 = \frac{基础高度h_j-基底保护层厚度C-100}{间距500}+1$$

（2）楼层内水平分布筋根数

如同柱箍筋，剪力墙水平分布筋在一个楼层内上下各有一个起步距离 50mm，因此单层楼内：

$$单层楼内水平分布筋的单排根数 = \frac{墙身高度-50×2}{间距s}+1$$

5.3.2 竖向分布筋计算

5.3.2.1 竖向分布筋的长度计算

剪力墙竖向分布筋的长度计算与框架柱的纵筋类似，需要区分基础插筋、中间层纵筋及顶层纵筋。

（1）基础插筋

竖向分布筋的基础插筋计算同框架柱的基础插筋。

基础插筋长度 = 水平弯折 a + 基础内的竖直长度 + 基础外露长度

① 水平弯折长度取值：当 $h_j > l_{aE}(l_a)$ 时，弯折 $6d$；当 $h_j \leqslant l_{aE}(l_a)$ 时，弯折 $15d$。

② 基础内竖直长度 = 基础高度 h_j - 保护层厚度 C。

③ 基础外露长度的取值见图 5-18。

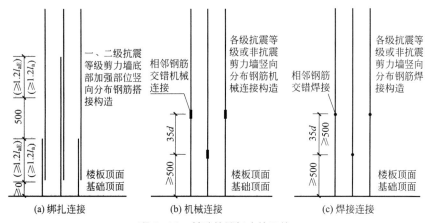

图 5-18　基础外露长度的取值

由图 5-18 可知，当竖向分布筋采用绑扎搭接时，钢筋非连接区取值为 0，搭接长度 $l_{lE} = 1.2l_{aE}$；当采用机械连接或焊接时，钢筋非连接区取 500mm，搭接长度为 0。

（2）中间层纵筋

由图 5-18 可知，竖向分布筋在中间层的外露长度与基础顶相同。归纳起来，竖向分布筋在中间层的长度计算公式为：当采用绑扎搭接时，竖向分布筋 = 层高 + 搭接长度 $1.2l_{aE}$；当采用机械连接或焊接时，竖向分布筋长度 = 层高。

（3）顶层纵筋

由图 5-19 可知，竖向分布筋在顶层楼板内弯折 $12d$。如顶层有边框梁，竖向分布筋在边框梁内需判断直锚或弯锚。

当梁高 h_b - 保护层厚度 $C \geqslant l_{aE}$ 时，锚固长度 $= l_{aE}$；当梁高 h_b - 保护层厚度 $C < l_{aE}$ 时，锚固长度 = 梁高 h_b - 保护层厚度 $C + 12d$。

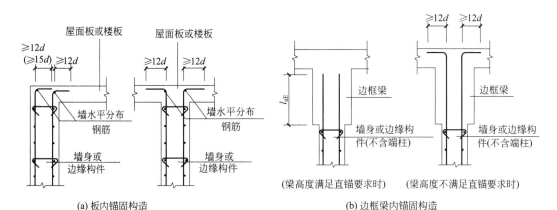

图 5-19　剪力墙竖向分布筋顶部构造

5.3.2.2　竖向分布筋的根数计算

墙身竖向分布筋在每段墙内布置时，第一根和最后一根距离边缘构件一个竖向分布筋的间距，即起步距离为 s（图 5-20）。

$$竖向分布筋根数 = \frac{墙长 - s \times 2}{间距 s} + 1$$

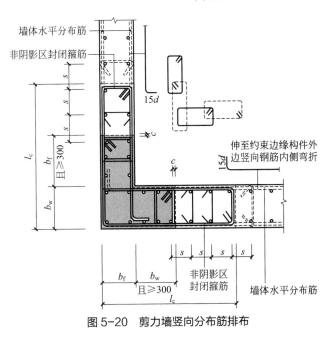

图 5-20　剪力墙竖向分布筋排布

5.3.3　拉筋计算

$$拉筋的长度 = 墙厚 - 保护层厚度 \ C \times 2 + \max(11.9d,\ 75 + 1.9d) \times 2$$

假设剪力墙净高度为 H，拉筋垂直间距为 h，剪力墙净长度为 L，拉筋水平间距为 l，则拉筋的根数计算公式如下。

当拉筋为矩形布置时，根数 $N = \left(\dfrac{H}{h} + 1\right) \times \left(\dfrac{L}{l} + 1\right)$。

当拉筋为梅花形布置时，根数 $N = \left(\dfrac{H}{h} + 1\right) \times \left(\dfrac{L}{l} + 1\right) + \dfrac{H}{h} \times \dfrac{L}{l}$。

任务5.4

墙柱的钢筋计算

建议课时: 1课时。

知识目标: 掌握墙柱的钢筋构造。

能力目标: 能计算墙柱钢筋工程量。

思政目标: 追求精准、信守精诚。

墙柱的钢筋计算

剪力墙柱的钢筋由纵筋和箍筋组成。

端柱和暗柱一般设置在墙体或洞口两侧,暗柱截面宽度与墙厚相同,可理解为剪力墙两端的加强部位,所以其纵筋构造与墙身竖向分布筋类似。

而端柱截面边长不小于2倍墙厚,是突出墙面的,其纵筋构造与框架柱相同。

墙柱的箍筋与框架柱箍筋类似,区别是一般墙柱的箍筋是等间距布置的,而框柱的箍筋通常设置加密区和非加密区。箍筋计算方法不再赘述。

任务5.5

墙梁的钢筋计算

建议课时：2课时。

知识目标：掌握墙梁的钢筋构造。

能力目标：能计算墙梁的钢筋工程量。

思政目标：严谨细致、求真务实。

墙梁的钢筋
计算

剪力墙梁分为连梁、暗梁和边框梁三种。

5.5.1　连梁

5.5.1.1　上下部纵筋

由图 5-21 可知，连梁上下纵筋布置在洞口上方，并锚入两侧墙内，其长度计算公式为：

上下部纵筋长度 = 左锚固长度 + 洞口宽度（如双洞，再加洞间墙）+ 右锚固长度

注：计算锚固长度时，需要判断直锚或弯锚。

当支座宽度 – 保护层厚度 $C \geq l_{aE}$ 时，可直锚，锚固长度 $= \max(l_{aE}, 600)$；当支座宽度 – 保护层厚度 $C < l_{aE}$ 时，则弯锚，锚固长度 = 支座宽 h_c – 保护层厚度 $C + 15d$。

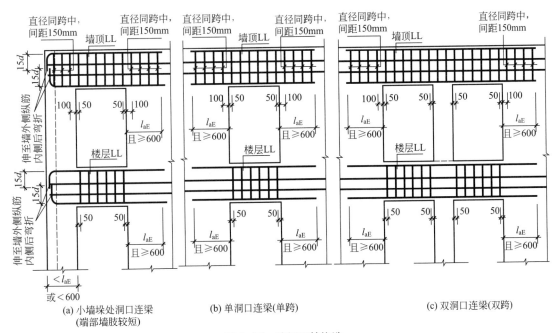

图 5-21　连梁配筋构造

5.5.1.2 箍筋

连梁箍筋长度计算原理与框梁箍筋类似。这里着重介绍根数计算，由图 5-21 可知，连梁箍筋在中间层和顶层布置的范围不同。

（1）中间层

在中间层，连梁箍筋布置范围在洞口宽度内，起步距离为 50mm。因此，它的根数计算公式为：

$$中间层连梁箍筋根数 = \frac{洞口宽度-50 \times 2}{箍筋间距s} + 1$$

（2）顶层

在顶层，连梁箍筋布置范围在洞口宽度及两侧伸入墙体内的锚固长度。在洞口宽度内箍筋起步距离为 50mm，但在左右锚固长度范围内的箍筋起步距离为 100mm。因此它的根数计算公式为：

$$顶层连梁箍筋根数 = \frac{洞口宽度-50 \times 2}{箍筋间距s} + \left[\frac{\max(l_{aE}, 600)-100}{箍筋间距s} \right] \times 2 + 1$$

注：如纵筋弯锚时，则将 $\max(l_{aE}, 600)-100$ 换为弯锚的平直段长度。

5.5.2　暗梁

剪力墙暗梁的钢筋计算与连梁相同。

5.5.3　边框梁

剪力墙边框梁的钢筋计算与框架梁相同。

剪力墙钢筋计算较为复杂，本章只讲解了一般计算原理，实际工作需根据结构施工图并结合平法图集中相关构造详图进行计算，也可借助钢筋算量软件来计算。

思考与
练习

已知计算参数：①抗震等级为三级；②混凝土强度等级为 C25；③墙混凝土保护层厚度为 15mm；④拉筋矩形布置。请计算图 5-22 中剪力墙 Q1 水平分布筋、竖向分布筋、拉筋的工程量。

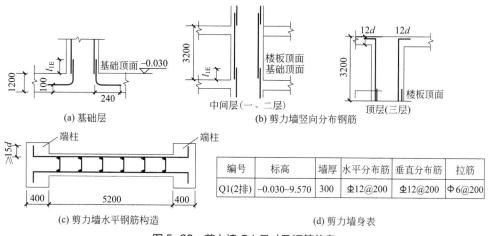

图 5-22 剪力墙 Q1 尺寸及钢筋信息

项目
6

楼梯的平法钢筋算量

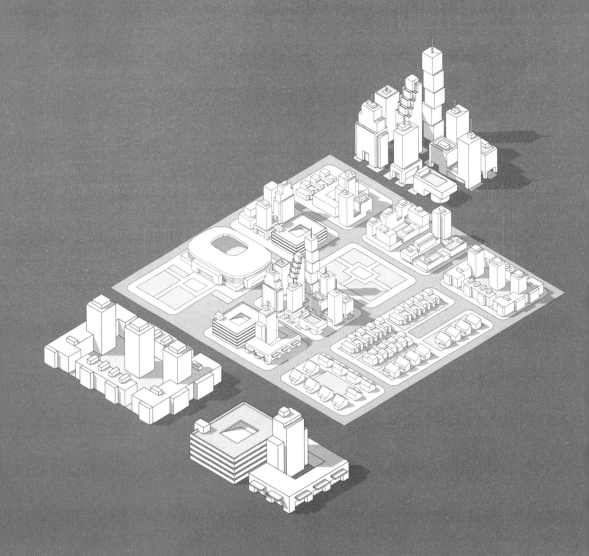

楼梯类型

任务6.1
楼梯的类型

建议课时： 1课时。
知识目标： 掌握楼梯的分类及特征。
能力目标： 能分辨楼梯的类型。
思政目标： 拾级而上、航海梯山。

现浇式钢筋混凝土楼梯根据传力特点不同，分为板式楼梯和梁板式楼梯。16G101-2 图集适用于现浇混凝土板式楼梯，包含了 12 种常见类型，见表 6-1。

表 6-1　楼梯类型

楼板代号	适用范围		是否参与结构	示意图
	抗震构造措施	适用结构		
AT	无	剪力墙、砌体结构	不参与	图 6-1
BT			不参与	图 6-2
CT	无	剪力墙、砌体结构	不参与	图 6-3
DT			不参与	图 6-4
ET	无	剪力墙、砌体结构	不参与	图 6-5
FT			不参与	图 6-6
GT	无	剪力墙、砌体结构	不参与	图 6-7
ATa	有	框架结构、框剪结构中框架部位	不参与	图 6-8
ATb			不参与	图 6-9
ATc			参与	图 6-10
CTa	有	框架结构、框剪结构中框架部位	不参与	图 6-11
CTb			不参与	图 6-12

AT ～ ET 型板式楼梯代号代表一端带上下支座的梯板。梯板的主体为踏步段，除踏步段之外，梯板可包含低端平板、高端平板及中位平板。AT 型楼梯全部由踏步段构成，如图 6-1 所示。

BT 型楼板由踏步段和低端平板构成，如图 6-2 所示。

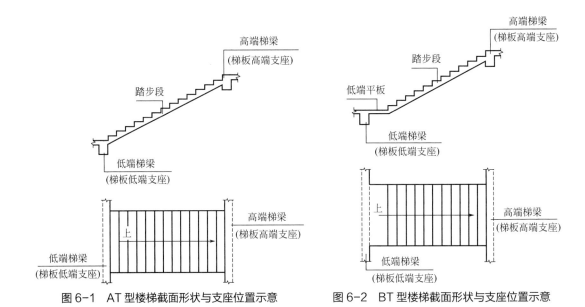

图 6-1 AT 型楼梯截面形状与支座位置示意   图 6-2 BT 型楼梯截面形状与支座位置示意

　　CT 型楼板由踏步段和高端平板构成，如图 6-3 所示。

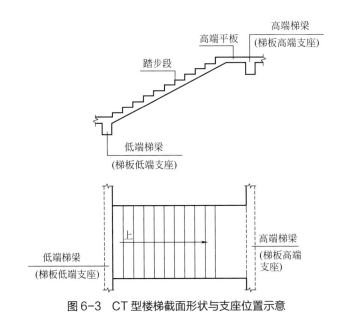

图 6-3 CT 型楼梯截面形状与支座位置示意

　　DT 型楼板由踏步段、低端平板及高端平板构成，如图 6-4 所示。

　　ET 型楼板由低端踏步段、中位平板、高端低端踏步段构成，如图 6-5 所示。

　　AT ～ ET 型楼梯的型号、板厚、上下部纵向钢筋及分布钢筋等内容由设计者在平法施工图中注明。梯板上部纵向钢筋向跨内伸出的水平投影长度见 16G101-2 图集中相应的标准构造详图，设计不注，但设计者应予以校核；当标注构造详图规定的水平投影长度不满足具体工程要求时，应由设计者另行注明。

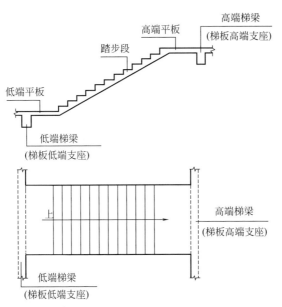

图 6-4 DT 型楼梯截面形状与支座位置示意

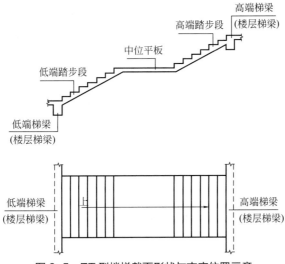

图 6-5 ET 型楼梯截面形状与支座位置示意

　　FT、GT 每个代号代表两跑踏步段和连接它们的楼层平板及层间平板。FT 型由层间平板、踏步段和楼层平板构成，梯板一端的层间平板采用三边支承，另一端的楼层平板也采用三边支承，如图 6-6 所示。GT 型由层间平板和踏步段构成，梯板一端的层间平板采用三边支承，另一端的梯段采用单边支承（在梯梁上），如图 6-7 所示。

　　FT、GT 型梯板的型号、板厚、上下部钢筋及分布筋等内容由设计者在平法施工图中注明。FT、GT 型平台上部横向钢筋及其外伸长度，在平面图中原位标注。梯板上部纵筋向跨内伸出的水平投影长度见 16G101-2 图集中相应的标注构造详图，设计不注，但设计者应予以校核；当标注构造详图规定的水平投影长度不满足具体工程要求时，应由设计者另行注明。

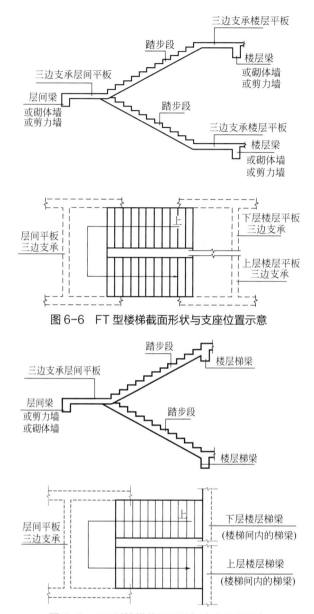

图 6-6　FT 型楼梯截面形状与支座位置示意

图 6-7　GT 型楼梯截面形状与支座位置示意

　　ATa、ATb 型为带滑动支座的板式楼梯，梯板全部由踏步段构成，其支承方式为梯板高端均支承在梯梁上，ATa 型梯板低端带滑动支座支承在梯梁上，ATb 型梯板低端带滑动支座支承在挑板上。ATa、ATb 型梯板采用双层双向配筋，如图 6-8 和图 6-9 所示。

　　ATc 梯板全部由踏步段构成，其支承方式为梯板两端均支承在梯梁上。楼梯休息平台与主体结构可连接，也可脱开，如图 6-10 所示。

　　CTa、CTb 型为带滑动支座的板式楼梯，梯板由踏步段和高端平板构成，其支承方式为梯板高端均支承在梯梁上。CTa 型梯板低端带滑动支座支承在梯梁上，CTb 型梯板低端带滑动支座支承在挑板上，如图 6-11 和图 6-12 所示。

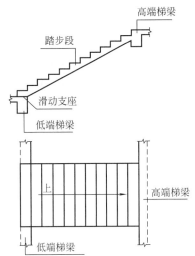

图 6-8　ATa 型楼梯截面形状与支座位置示意

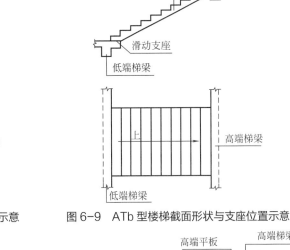

图 6-9　ATb 型楼梯截面形状与支座位置示意

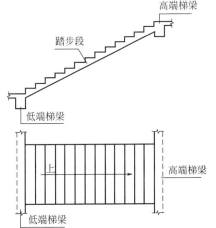

图 6-10　ATc 型楼梯截面形状与支座位置示意

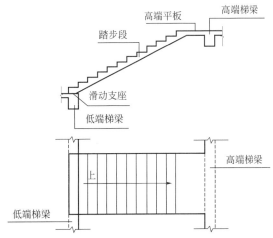

图 6-11　CTa 型楼梯截面形状与支座位置示意

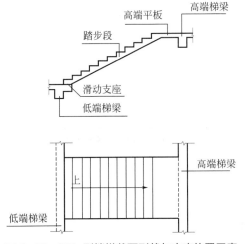

图 6-12　CTb 型楼梯截面形状与支座位置示意

任务6.2

楼梯的平法识图

建议课时：2课时。
知识目标：掌握楼梯的平法施工图注写方法。
能力目标：能识读楼梯的平法施工图信息。
思政目标：严谨细致、匠心精神。

平面注写   剖面注写   列表注写

现浇板式楼梯平法施工图有平面注写、剖面注写和列表注写三种表达方式。

6.2.1　平面注写方式

平面注写方式是在楼梯平面布置图上注写截面尺寸和配筋具体数值的方式来表达楼梯施工图，包括集中标注和外围标注，如图 6-13 所示。

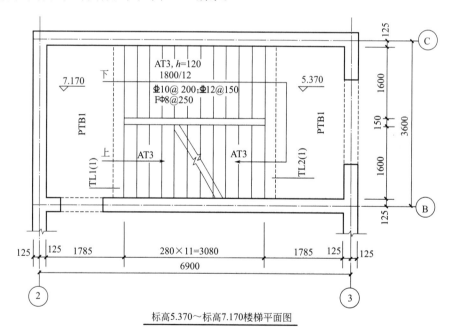

标高5.370～标高7.170楼梯平面图

图 6-13　AT 型楼梯平面注写方式示例

6.2.1.1　集中标注

楼梯集中标注的内容如下。

① 梯板类型代号与序号，如 AT××。

② 梯板厚度，注写为 $h=×××$。当为带平板的梯板且梯段板厚度和平板厚度不同时，可在

梯段板厚度后面括号内以字母 P 开头注写平板厚度。

例如 h=130（ P150），130 表示梯段板厚度，150 表示梯板平板段的厚度。

③ 踏步段总高度和踏步级数，之间以"/"分隔。

④ 梯板支座上部纵筋、下部纵筋，之间以"；"分隔。

⑤ 梯板分布筋，以 F 开头注写分布筋具体值，该项也可在图中统一说明。

平面图中梯板类型及配筋的完整标注示例如下（AT 型）。

AT1， h=120　梯板类型及编号，梯板板厚。

1800/12　踏步段总高度 / 踏步级数。

Φ 10@200；Φ 12@150　上部纵筋；下部纵筋。

FΦ8@250　梯板分布筋（可统一说明）。

⑥ 对于 ATc 型楼梯尚应注明梯板两侧边缘构件纵向钢筋及箍筋。

6.2.1.2　外围标注

楼梯外围标注的内容，包括楼梯间的平面尺寸、楼层结构标高、层间结构标高、楼梯的上下方向、梯板的平面几何尺寸、平台板配筋、梯梁及梯柱配筋等。

6.2.2　剖面注写方式

对于剖面注写方式，需在楼梯平法施工图中绘制楼梯平面布置图和楼梯剖面图，注写方式分平面注写和剖面注写两部分，如图 6-14 所示。

楼梯平面布置图注写内容，包括楼梯间的平面尺寸、楼梯结构标高、层间结构标高、楼梯的上下方向、梯板的平面几何尺寸、梯板类型及编号、平台板配筋、梯梁及梯柱配筋等。

楼梯剖面图注写内容，包括梯板集中标注、梯梁梯柱编号、梯板水平及竖向尺寸、楼梯结构标高、层间结构标高等。

梯板集中标注的内容如下。

① 楼板类型及编号，如 AT××。

② 梯板厚度，注写为 h=×××。当梯板由踏步段和平板构成，且踏步段梯板厚度和平板厚度不同时，可在梯板厚度后面括号内以字母 P 开头注写平板厚度。

③ 梯板配筋，注明梯板上部纵筋和梯板下部纵筋，用分号"；"将上部与下部纵筋的配筋值分隔开来。

④ 梯板分布筋，以 F 开头注写分布钢筋具体值，该项也可在图中统一说明。

剖面图中梯板配筋完整的标注如下。

AT1， h=120　梯板类型及编号，梯板板厚。

Φ 10@200；Φ 12@150　上部纵筋；下部纵筋。

FΦ8@250　梯板分布筋（可统一说明）。

⑤ 对于 ATc 型楼梯尚应注明梯板两侧边缘构件纵向钢筋及箍筋。

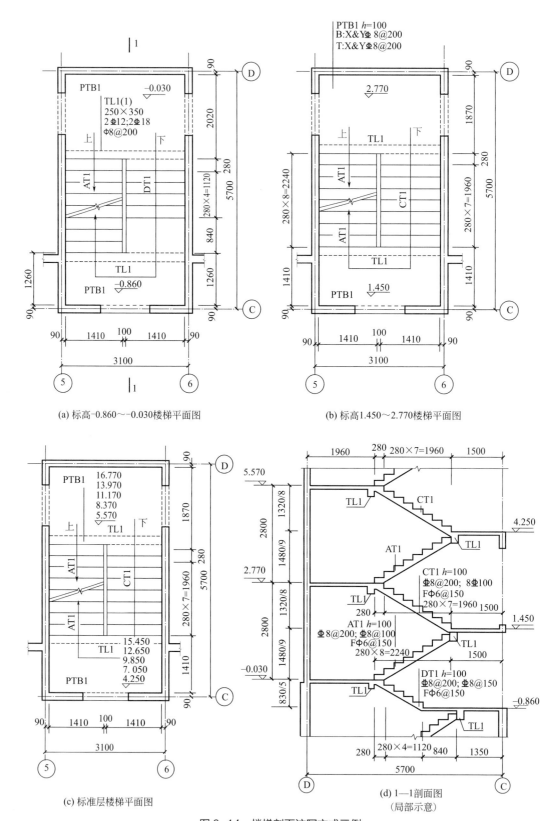

(a) 标高-0.860～-0.030楼梯平面图

(b) 标高1.450～2.770楼梯平面图

(c) 标准层楼梯平面图

(d) 1—1剖面图
(局部示意)

图6-14　楼梯剖面注写方式示例

6.2.3 列表注写方式

列表注写方式，是用列表方式注写梯板截面尺寸和配筋具体数值的方式来表达楼梯施工图，如表 6-2 所示。

表 6-2 楼梯列表注写方式

梯板编号	踏步段总高度 / 踏步级数	板厚 h/mm	上部纵向钢筋	下部纵向钢筋	分布筋
AT1	1480/9	100	Φ 8@200	Φ 8@100	Φ 6@150
CT1	1320/8	100	Φ 8@200	Φ 8@100	Φ 6@150
DT1	830/5	100	Φ 8@200	Φ 8@100	Φ 6@150

列表注写方式的具体要求同剖面注写方式，仅将剖面注写方式中的集中标注中梯板配筋项改为列表注写即可。

此外，楼层平台梁板配筋可绘制在楼梯平面图中，也可在各层梁板配筋图中绘制；层间平台梁板配筋在楼梯平面图中绘制。楼层平台板可与该层的现浇楼板整体设计。

任务6.3

楼梯的纵筋算量

建议课时： 2课时。

知识目标： 掌握楼梯的纵筋构造。

能力目标： 能计算楼梯的纵筋工程量。

思政目标： 遵守规范、求真务实。

下部纵筋　上部纵筋
计算　　　计算

各类型楼梯的钢筋构造详见 16G101-2 图集，本书以 AT 型楼梯为例，介绍楼梯钢筋工程量的计算方法。AT 型楼梯的钢筋构造见图 6-15。

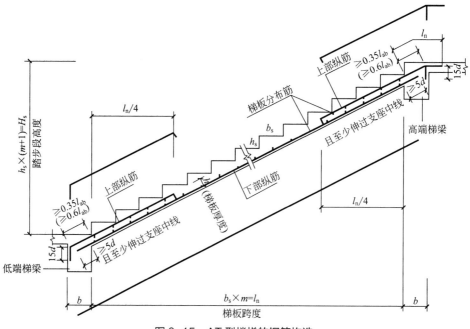

图 6-15　AT 型楼梯的钢筋构造

6.3.1　下部纵筋

AT 型梯板的下部纵筋为贯通钢筋，两端分别在高端梯梁与低端梯梁内锚固。因此，其长度计算公式为：

下部纵筋单根长度 = 低端梁内锚固长度 + 梯板斜长 + 高端梁内锚固长度

由图 6-15 可知，锚固长度为 max（梁宽 /2，5d）。

梯板斜长 = 梯板净跨 l_n× 斜度系数 k，斜度系数 k 可由踏步宽度 b 和踏步高度 h 计算得出，即：

$$k = \frac{\sqrt{b^2 + h^2}}{b}$$

注意：当下部纵筋采用 HPB300 光圆钢筋时，两端需设置 180° 弯钩，每个弯钩长度为 6.25d。

下部纵筋的分布范围为梯板宽度范围内，起步距离为 50mm。因此，下部纵筋的根数计算公式为：

$$下部纵筋根数 = \frac{梯板宽 - 50 \times 2}{间距s} + 1$$

6.3.2 上部纵筋

由图 6-15 可知，AT 型梯板的上部纵筋不贯通，在高端和低端分别设置。每根上部纵筋在梯梁内弯锚 15d，并伸入梯板一段长度后向板内 90° 弯折。因此，其长度计算公式为：

上部纵筋单根长度 =（梯板净跨 l_n/4+ 梁宽 – 梁保护层）k+15d+ 板厚 h- 板保护层 ×2

注意：① 式中梯板净跨 l_n/4 为 16G101-2 图集中关于上部纵筋在梯板内水平长度的规定（图 6-15），如设计有标注其长度，可按设计中标注的长度计算。

② 当上部纵筋采用 HPB300 光圆钢筋，支座锚固时需设置 180° 弯钩，长度为 6.25d。

上部纵筋的根数计算同下部纵筋，根数计算公式为：

$$上部纵筋根数 = \frac{梯板宽 - 50 \times 2}{间距s} + 1$$

任务6.4

楼梯的分布筋算量

建议课时： 1课时。

知识目标： 掌握楼梯的分布筋构造。

能力目标： 能计算楼梯的分布筋工程量。

思政目标： 严谨细致、求真务实。

分布筋计算

在梯板内布置分布筋，起到固定受力筋和将荷载均匀地分散在受力筋上的作用。分布筋布置在下部纵筋之上以及上部纵筋之下，从而形成双层双向的钢筋网片。

6.4.1 下部纵筋的分布筋

下部纵筋的分布筋长度计算公式为：

$$下部纵筋的分布筋长度 = 梯板宽 - 保护层 \times 2$$

分布筋的起步距离为50mm，因此其根数计算公式为：

$$分布筋根数 = \frac{梯阶斜长 - 50 \times 2}{间距 s} + 1$$

$$= \frac{梯板净跨 l_n \times 斜度系数 k - 50 \times 2}{间距 s} + 1$$

6.4.2 上部纵筋的分布筋

上部纵筋的分布筋长度计算公式为：

$$上部纵筋的分布筋长度 = 梯板宽 - 保护层 \times 2$$

上部纵筋的分布筋在上部纵筋伸入梯板内的范围内布置，高端与低端的分布筋根数计算方法相同，均为：

$$分布筋根数 = \frac{\dfrac{梯板净跨 l_n}{4} \times 斜度系数 k - 50}{间距 s} + 1$$

□ 思考与
练习

?

已知计算参数：

①梯板宽度为1350mm；②梯板厚度为120mm；③梁保护层厚度为25mm；④板保护层厚度为15mm。请计算图6-16中梯板中上下纵筋的工程量。

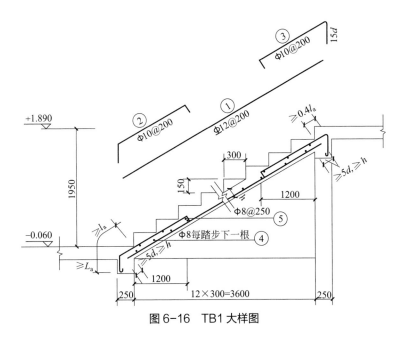

图 6-16　TB1 大样图

项目 7

基础的平法钢筋算量

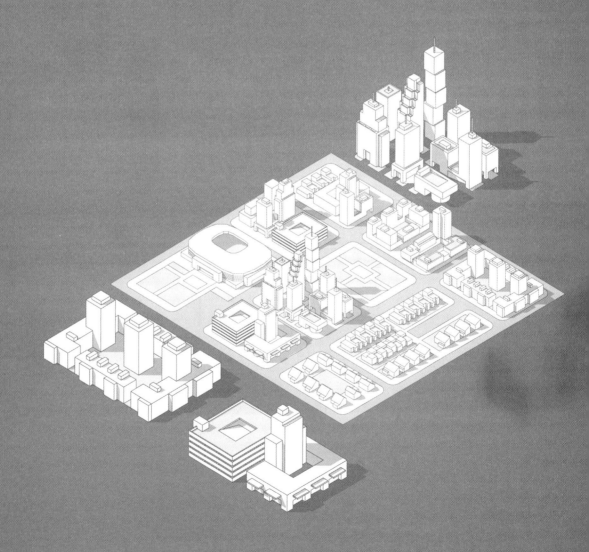

任务7.1

基础的类型

建议课时： 1课时。
知识目标： 掌握基础的分类。
能力目标： 能分辨基础的类型。
思政目标： 脚踏实地、励学敦行。

基础类型

基础是指建筑底部与地基接触的承重构件，是建筑物的墙或柱子在地下的扩大部分，其作用是承受建筑物上部结构传下来的荷载，并把它们连同自重一起传给地基。

基础按构造形式的不同可分为独立基础、条形基础、桩基础、筏形基础、箱形基础等，如图 7-1 所示。

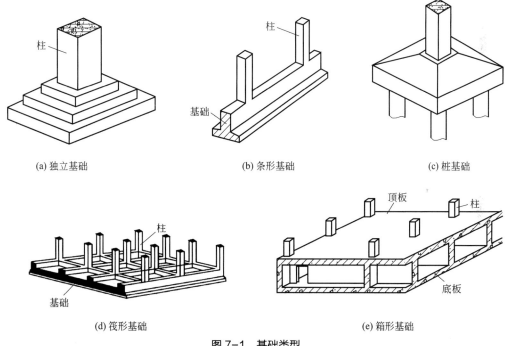

(a) 独立基础　　　　　(b) 条形基础　　　　　(c) 桩基础

(d) 筏形基础　　　　　(e) 箱形基础

图 7-1　基础类型

基础类型的选择通常与建筑物上部结构形式及荷载大小、场地工程地质及水文地质条件、建筑物的基础埋深、邻近建筑基础类型的选取及施工条件限制等因素有关。

任务7.2 独立基础平法识图

建议课时: 2课时。
知识目标: 掌握独立基础的平法施工图注写方法。
能力目标: 能识读独立基础的平法施工图。
思政目标: 严谨细致、匠心精神。

独立基础
平法识图

　　独立基础平法施工图,有平面注写和截面注写两种表达方式。实际工程中可根据具体情况选择一种或两种方式结合进行标注,工程中通常采用平面注写。

　　独立基础的平面注写是指直接在独立基础平面布置图上进行数据项的标注,包括集中标注和原位标注两部分内容,如图 7-2 所示。

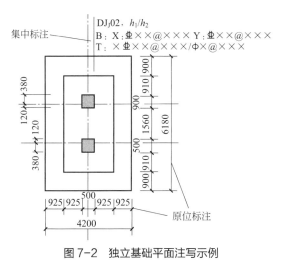

图 7-2　独立基础平面注写示例

7.2.1　集中标注

　　在基础平面图上集中引注基础编号、截面竖向尺寸、配筋三项必注内容,以及基础底面标高(与基础底面基准标高不同时)和必要的文字注解两项选注内容。

　　素混凝土普通独立基础的集中标注,除无基础配筋内容外均与钢筋混凝土普通独立基础相同。

7.2.1.1　基础编号

　　基础编号由类型代号和序号组成,应符合表 7-1 的规定。

表 7-1　独立基础编号

独立基础类型	基础底面截面形状	代号	序号	说明
普通独立基础	阶形	DJ_J	××	（1）下标 J 表示阶形，P 表示坡形 （2）单阶截面即为平板独立基础 （3）坡形截面基础底板可分为四坡、三坡、双坡和单坡
普通独立基础	坡形	DJ_P	××	
杯口独立基础	阶形	BJ_J	××	
杯口独立基础	坡形	BJ_P	××	

四种独立基础的三维及截面形状如图 7-3 所示。

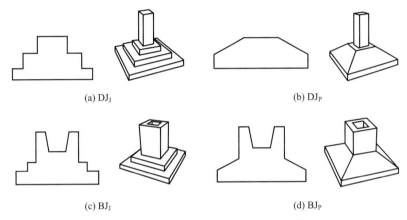

(a) DJ_J　　　　　　　　　　　　　　　　(b) DJ_P

(c) BJ_J　　　　　　　　　　　　　　　　(d) BJ_P

图 7-3　四种独立基础的三维及截面形状

7.2.1.2　截面竖向尺寸

（1）普通独立基础

自下而上按竖向尺寸注写，注写为 $h_1/h_2/\cdots$，如表 7-2 所示。

表 7-2　普通独立基础截面竖向尺寸注写一览

基础类型		截面形式	注写形式
阶形	单阶	h_1	h_1
阶形	多阶	h_3 h_2 h_1	$h_1/h_2/h_3$（若为更多阶，用"/"分隔，自下而上按顺序注写）

续表

基础类型	截面形式	注写形式
坡形		h_1/h_2

例如某独立基础DJ$_p$01的竖向尺寸注写为250/250时，表示该独立基础为普通坡形独立基础，竖向尺寸 h_1=250mm，h_2=250mm，基础底板总厚度为500mm。

（2）杯口独立基础

竖向尺寸分为两组，一组表达杯口内，一组表达杯口外；两组间用"，"分隔，注写为 a_0/a_1，$h_1/h_2/\cdots$。其中杯口深度 a_0 为柱插入杯口的尺寸加50mm，如表7-3所示。

表7-3   杯口独立基础截面竖向尺寸注写一览表

基础类型	截面形式	注写形式
阶形		a_0/a_1，$h_1/h_2/h_3$
坡形		a_0/a_1，h_1/h_2

【例7-1】 某基础BJ$_j$02的竖向尺寸注写为1200/300，800/700时，请识读该基础所属类型并确定其截面竖向尺寸。

答：该基础为阶形杯口独立基础，杯口内自上而下的竖向尺寸分别为1200mm和300mm，杯口外自下而上的竖向尺寸分别为800mm和700mm。

剖面竖向尺寸如图7-4所示。

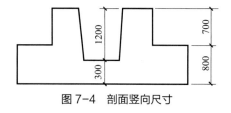

图7-4   剖面竖向尺寸

7.2.1.3 配筋

独立基础配筋注写见表7-4。

表 7-4 独立基础配筋注写

配筋类型	注写代号	适用范围
独立基础底板底部配筋	B	普通独立基础、杯口独立基础
杯口独立基础顶部焊接钢筋网	Sn	杯口独立基础
高杯口独立基础侧壁外侧和短柱钢筋	O	杯口独立基础
普通独立基础短柱钢筋	DZ	普通独立基础
多柱独立基础顶部配筋	T	多柱独立基础

（1）独立基础底板底部配筋

普通独立基础和杯口独立基础的底板配筋布置于受拉区，位于底板底部，通常为双向配筋，如图 7-5 所示。

底板底部双向配筋注写规定如下。

① 以 B（英文 Bottom 的首字母）代表各种独立基础底板的底部配筋。

② X 向配筋以 X 开头，Y 向配筋以 Y 开头注写。

如 B：X Φ 14@200，Y Φ 16@150。

③ 当两向配筋相同时，则以 X&Y 开头注写。

如 B：X&Y Φ 16@200。

(a) 模型配筋示意　　　　(b) 实际配筋示意

图 7-5　独立基础底板配筋示意

例如当独立基础底板配筋标注为"B：X Φ 16@150，Y Φ 16@200"时，表示基础底板底部配置 HRB400 级钢筋，X 向钢筋直径为 16mm，间距 150mm；Y 向钢筋直径为 16mm，间距 200mm，如图 7-6 所示。

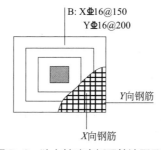

图 7-6　独立基础底板配筋注写示意

（2）杯口独立基础顶部焊接钢筋网

杯口独立基础顶部焊接钢筋网位于杯口独立基础顶部，如图 7-7 所示。杯口独立基础顶部焊接钢筋网以 Sn 开头引注杯口顶部焊接钢筋网的各边钢筋。

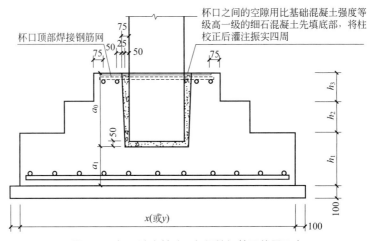

图 7-7　杯口独立基础顶部焊接钢筋网位置示意

例如某杯口独立基础的配筋标注如图 7-8 所示，顶部钢筋网标注为：Sn2Φ14，表示顶部每边配置 2 根 Φ14 的焊接钢筋网，如图 7-9 所示。

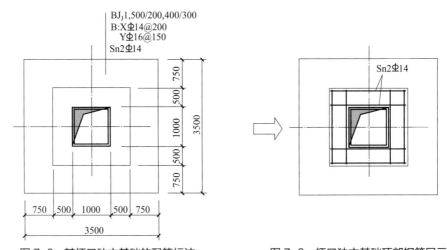

图 7-8　某杯口独立基础的配筋标注　　　图 7-9　杯口独立基础顶部钢筋网示意

又如某双杯口独立基础的配筋标注如图 7-10 所示，顶部钢筋网标注为：Sn2Φ14，表示杯口每边及中间杯壁均配置 2 根 Φ14 的焊接钢筋网，如图 7-11 所示。

当双杯口独立基础中间杯壁厚度小于 400mm 时，在中间杯壁中配置构造钢筋。

（3）高杯口独立基础侧壁外侧和短柱钢筋

高杯口独立基础侧壁外侧和短柱配筋（图 7-12）主要包括纵筋（包括角筋与中部筋）和箍筋。

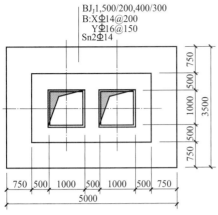

图 7-10　某双杯口独立基础的配筋标注

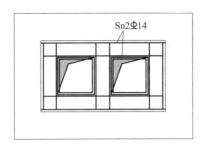

图 7-11 双杯口独立基础顶部钢筋网示意

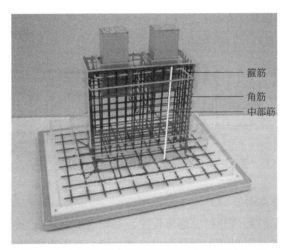

图 7-12　高杯口独立基础侧壁外侧和短柱钢筋示意

具体注写规定如下。

① 以 O 代表杯壁外侧和短柱配筋。

② 先注写杯壁外侧及短柱纵筋，再注写横向箍筋。

③ 纵筋注写格式为：角筋 / 长边中部筋 / 短边中部筋。当短柱水平截面为正方形时，注写为：角筋 /x 边中部筋 /y 边中部筋。

④ 横向箍筋注写时，先注写杯口范围内箍筋间距，再注写短柱范围箍筋间距，即注写为"箍筋（两种间距，短柱杯口壁内箍筋间距 / 短柱其他部位箍筋间距）"。

例如某杯口独立基础的杯壁外侧和短柱配筋标注如图 7-13 所示，杯壁外侧和短柱的角筋为Φ16

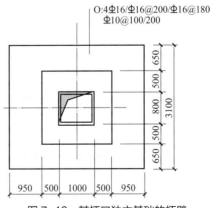

图 7-13　某杯口独立基础的杯壁
外侧和短柱配筋标注

的钢筋；长边中部筋为 Φ16 的钢筋，间距 200mm；短边中部筋为 Φ16 的钢筋，间距 180mm；横向箍筋为 Φ10 的钢筋，杯口范围内箍筋间距为 100mm，其他部位间距为 200mm，如图 7-14 所示。

（4）普通独立基础短柱钢筋

当普通独立基础埋深较大，设置短柱时，短柱配筋应注写在独立基础中。其注写规则如下。

① 以 DZ 代表普通独立基础短柱。

② 先注写短柱纵筋，再注写箍筋，最后注写短柱标高范围。

注写为：角筋 / 长边中部筋 / 短边中部筋，箍筋，短柱标高范围。

当短柱水平截面为正方形时，注写为：角筋 /x 边中部筋 /y 边中部筋，箍筋，短柱标高范围。

例如某独立基础的短柱配筋标注如图 7-15 所示，表示独立基础的短柱设置在 -2.500 ~ -0.050 的高度范围内，短柱的角筋为 Φ20 的钢筋；x 与 y 边的中部筋均为 5 根 Φ18 的钢筋；横向箍筋为 Φ10 的钢筋，箍筋间距为 100mm。

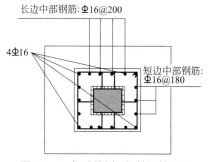

图 7-14 杯壁外侧和短柱钢筋示意

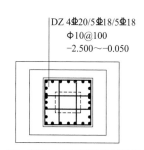

图 7-15 某独立基础的短柱配筋标注

（5）多柱独立基础顶部钢筋

当为双柱独立基础且柱距较小时，通常仅配置基础底部钢筋；当柱距较大时，除基础底部配筋外，尚需在两柱间配置基础顶部钢筋或设置基础梁；当为四柱独立基础时，通常可设置两道平行的基础梁，需要时可在两道基础梁之间配置基础顶部钢筋。

多柱独立基础顶部配筋和基础梁的注写通常以大写字母"T"开头，注写为：双柱间（或梁间）受力钢筋 / 分布钢筋。当纵向受力钢筋在基础底板顶面非满布时，应注明其总根数。

例如"T：Φ16@120/Φ10@200"表示在独立基础顶部配置受力钢筋 Φ16，间距 120mm，分布筋 Φ10，间距 200mm。

7.2.1.4 基础底面标高（选注）

当独立基础的底面标高与基础底面基准标高不同时，应将独立基础底面标高直接注写在"（ ）"内。

7.2.1.5 必要的文字注解（选注）

当独立基础的设计有特殊要求时，宜增加必要的文字注解。例如，基础底板配筋长度是否采用减短方式等，可在该项内注明。

7.2.2 原位标注

钢筋混凝土和素混凝土独立基础的原位标注，是在基础平面布置图上标注独立基础的平面尺寸，如图 7-16 所示。对相同编号的基础，可选择一个进行原位标注；当平面图形较小时，可将所选定进行原位标注的基础按比例适当放大；其他相同编号者仅注编号。

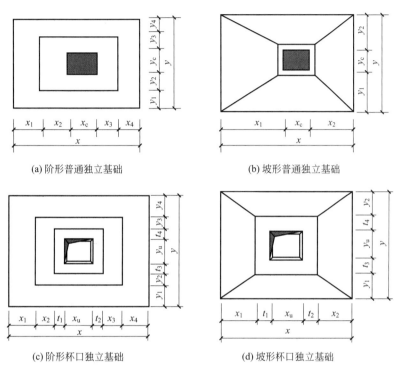

(a) 阶形普通独立基础　　　　　　　　(b) 坡形普通独立基础

(c) 阶形杯口独立基础　　　　　　　　(d) 坡形杯口独立基础

图 7-16　独立基础原位注写示意

【例 7-2】 识读图 7-17 独立基础平面标注的信息。

答：基础类型为坡形普通独立基础；竖向尺寸 h_1=200mm，h_2=200mm，基础底板总厚度为 400m，基础底板底部配筋为 HRB335，X 向钢筋直径为 14mm，间距 200mm；Y 向钢筋直径为 16mm，间距 150mm。

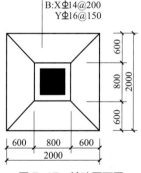

图 7-17　基础平面图

任务7.3

独立基础钢筋算量

建议课时： 2课时。

知识目标： 掌握独立基础的钢筋构造。

能力目标： 能计算独立基础的钢筋工程量。

思政目标： 遵守规范、求真务实。

独立基础
钢筋计算　　缩减时的
钢筋计算

7.3.1　一般构造下的钢筋计算

独立基础钢筋工程量的计算主要需要确定钢筋的长度与根数。

7.3.1.1　钢筋长度

独立基础钢筋的单根长度计算公式为：

X方向钢筋长度 = 基础边长x-2× 保护层厚度 C（螺纹钢）

X方向钢筋长度 = 基础边长x-2× 保护层厚度 C+6.25d×2（圆钢）

同理：

Y方向钢筋长度 =y-2× 保护层厚度 C（螺纹钢）

Y方向钢筋长度 =y-2× 保护层厚度 C+6.25d×2（圆钢）

注意：如钢筋是一级光圆钢筋，单根长度需增加 6.25d×2。

7.3.1.2　钢筋根数

如图 7-18 所示，独立基础钢筋的起步距离要同时满足：①≤ 75mm；②≤板间间距 s 的一半。即起步距离为：min（75，s/2）。因此，独立基础钢筋的根数计算公式为：

$$X方向钢筋根数 = \frac{基础边长y-2×\min(s/2，75)}{s}+1$$

$$Y方向钢筋根数 = \frac{基础边长x-2×\min(s/2，75)}{s}+1$$

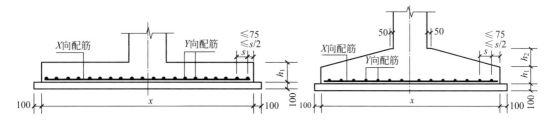

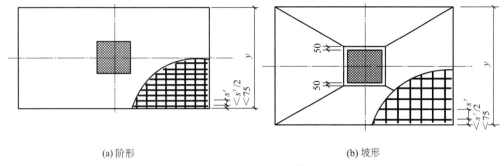

(a)阶形　　　　　　　　　(b)坡形

图7-18　独立基础底板底部配筋构造

【例7-3】已知条件：基础保护层为40mm，请计算图7-19中的独立基础钢筋工程量。

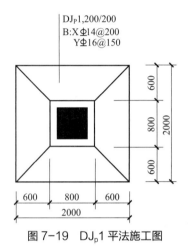

图7-19　DJ_p1平法施工图

答：（1）X方向

长度L=2000−2×40=1920(mm)。

根数$N=\dfrac{2000-2\times\min（200/2，75）}{200}+1=\dfrac{2000-2\times75}{200}+1=11（根）。$

Φ14的理论质量为1.21kg/m，钢筋质量M=1.92×11×1.21=25.56(kg)。

（2）Y方向

长度L=2000−2×40=1920(mm)。

根数$N=\dfrac{2000-2\times\min(150/2，75)}{150}+1=\dfrac{2000-2\times75}{150}+1=14（根）。$

Φ16的理论质量为1.58kg/m，钢筋质量M=1.92×14×1.58=42.47(kg)。

7.3.2　缩减时的钢筋计算

为了节省钢筋用量，当独立基础底板的X方向或Y方向宽度≥2.5m时，除了基础边缘的最外侧钢筋外，其余钢筋可取相应方向底板长度的0.9倍，交错绑扎设置。

7.3.2.1 钢筋长度

独立基础钢筋的单根长度计算公式为：

X 方向最外侧的钢筋单根长度 = 基础边长 x-2× 保护层厚度 C（两根）

其余钢筋长度 =0.9x

同理：

Y 方向最外侧的钢筋单根长度 = 基础边长 y-2× 保护层厚度 C（两根）

其余钢筋长度 =0.9y

注意：如钢筋是一级圆钢筋，单根长度需增加 6.25d×2。

7.3.2.2 钢筋根数

X 方向钢筋根数：最外侧钢筋为 2 根。

$$其余钢筋根数 = \frac{基础边长 y-2×\min（s/2，75）}{s}-1$$

Y 方向钢筋根数：最外侧钢筋为 2 根。

$$其余钢筋根数 = \frac{基础边长 x-2×\min（s/2，75）}{s}-1$$

注意：当柱的位置非对称时，若该基础某侧从柱中心至基础底板边缘的距离 <1250mm，则钢筋在该侧不缩减；若该基础某侧从柱中心至基础底板边缘的距离 ≥1250mm，则钢筋在该侧仍可隔一根缩减一根，如图 7-20 所示。

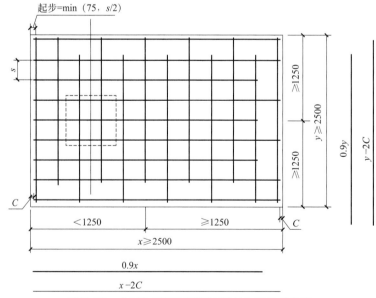

图 7-20 非对称情况下钢筋长度缩减 10% 的构造

【例 7-4】 某基础平面图如图 7-21 所示，其中 x=3500mm，y=3000mm，y_1=1000mm；采用钢筋缩减 10% 的构造，基础保护层为 40mm。试计算图 7-21 所示的基础底板底部钢筋工程量。

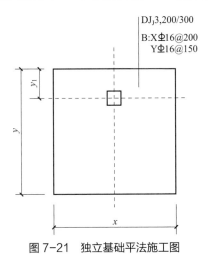

图 7-21 独立基础平法施工图

答：（1）X 方向：对称缩进。

最外侧两根长度 L=3500-2×40=3420(mm)。

其余中间钢筋长度 L'=3500×0.9=3150(mm)。

其余中间钢筋根数 $N=\dfrac{3000-2\times\min(200/2,\ 75)}{200}-1=\dfrac{3000-2\times75}{200}-1=14$（根）。

Φ16 钢筋的理论质量为 1.58kg/m。

钢筋质量 M=(3.42×2+3.15×14)×1.58=80.49(kg)。

（2）Y 方向

y_1<1250mm，不缩进。

$y-y_1$=2000mm>1250mm，隔根缩进。

不缩进钢筋长度 L=3000-2×40=2920(mm)。

缩进钢筋长度 L'=3000×0.9=2700(mm)。

总根数 $N=\dfrac{3500-2\times\min(150/2,\ 75)}{150}+1=\dfrac{3500-2\times75}{150}+1=24$（根）。

其中不缩进根数 $=2+\dfrac{\dfrac{3500-2\times\min(150/2,\ 75)}{150}-1}{2}=13$（根）。

缩进根数 = 总根数 – 缩进根数 =24-13=11（根）。

Φ16 钢筋的理论质量为 1.58kg/m。

钢筋质量 M=(2.92×13+2.7×11)×1.58=106.90(kg)。

任务7.4

筏形基础平法识图

建议课时： 2课时。

知识目标： 掌握筏形基础的平法施工图注写方法。

能力目标： 能识读筏形基础的平法施工图。

思政目标： 严谨细致、匠心精神。

筏形基础分类

筏形基础主要用于高层建筑框架柱或剪力墙下，可分为平板式筏形基础和梁板式筏形基础，如图 7-22 所示。

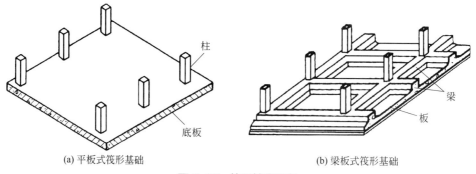

(a) 平板式筏形基础

(b) 梁板式筏形基础

图 7-22   筏形基础示意

本任务的识图与钢筋算量主要以梁板式筏形基础为例进行说明。

7.4.1   梁板式筏形基础平法注写

如图 7-23 所示，梁板式筏形基础由基础主梁、基础次梁和基础平板组成，其构件编号如表 7-5 所示。

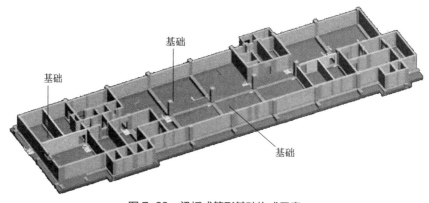

图 7-23   梁板式筏形基础构成示意

表 7-5　梁板式筏形基础构件编号

构件类型	代号	序号	跨数及有无外伸
基础主梁（柱下）	JL	××	（××）或（××A）或（××B）
基础次梁	JCL	××	（××）或（××A）或（××B）
梁板筏基础平板	LPB	××	

注：1.（××A）为一段有外伸，（××B）为两端有外伸，外伸不计入跨数；

2. 梁板式筏形基础平板跨数及是否有外伸分别在 X、Y 两向的贯通纵筋之后表达，图面从左至右为 X 方向，从下至上为 Y 方向。

3. 梁板式筏形基础主梁和条形基础梁编号与标准构造详图一致。

梁板式筏形基础平法施工图，是在基础平面布置图上采用平面注写方式进行表达。

7.4.2　基础梁的平法注写

基础主梁 JL 与基础次梁 JCL 的平面注写方式，分集中标注与原位标注两部分内容。当集中标注中的某项数值不适用于梁的某部位时，则将该项数值采用原位标注。施工时，以原位标注优先。

基础梁的主要注写内容如图 7-24 所示。

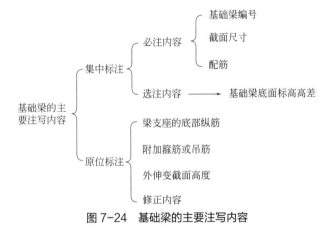

图 7-24　基础梁的主要注写内容

7.4.2.1　集中标注

（1）基础梁编号

基础梁编号由类型代号、序号及跨数组成，具体参见表 7-5 的规定。

例如 JL7（5B）表示第 7 号基础主梁，5 跨，两端有外伸。

（2）截面尺寸

以 $b \times h$ 表示梁截面宽度与高度；当为竖向加腋梁时，用 $b \times h$　$Yc_1 \times c_2$ 表示，其中 c_1 为腋长，c_2 为腋高，如图 7-25 所示。

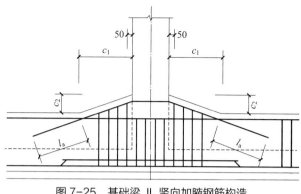

图 7-25　基础梁 JL 竖向加腋钢筋构造

（3）配筋

① 箍筋。当采用一种箍筋间距时，注写钢筋级别、直径、间距与肢数（写在括号内）。

当采用两种箍筋时，用斜线"/"分隔不同箍筋，按照从基础梁两端向跨中的顺序注写。先注写第 1 段箍筋（在前面加注箍数），在斜线后再注写第 2 段箍筋（不再加注箍数）。

例如 9Φ16@100/Φ16@200（6），表示配置 HRB400，直径为 16mm 的箍筋，间距为两种，从梁两端起向跨内按箍筋间距 100mm 每端各设置 9 道，梁其余部位的箍筋间距为 200mm，均为 6 肢箍。

施工时应注意：两向基础主梁相交的柱下区域，应有一向截面较高的基础主梁箍筋贯通设置；当两向基础主梁高度相同时，任选一向基础主梁箍筋贯通设置。

② 底部、顶部及侧面纵向钢筋。以 B 开头，先注写梁底部贯通纵筋（不应少于底部受力钢筋总截面面积的 1/3）。当跨中所注根数少于箍筋肢数时，需要在跨中加设架立筋以固定箍筋，注写时，用加号"+"将贯通纵筋与架立筋相连，架立筋注写在加号后面的括号内。

以 T 开头，注写梁顶部贯通纵筋值。注写时用分号"；"将底部与顶部纵筋分隔开，如有个别跨与其不同，则按原位注写的规定处理。

当梁底部或顶部贯通纵筋多于一排时，用斜线"/"将各排纵筋自上而下分开。

以大写字母 G 开头注写基础梁两侧面对称设置的纵向构造钢筋的总配筋值（当梁腹板高度 h_w 不小于 450mm 时，根据需要配置）；当需要配置抗扭纵向钢筋时，梁两个侧面设置的抗扭纵向钢筋以 N 开头。

注意：当为梁侧面构造钢筋时，其搭接与锚固长度可取为 15d。当为梁侧面受扭纵向钢筋时，其锚固长度为 l_a，搭接长度为 l_1；其锚固方式同基础梁上部纵筋。

例如某基础梁配筋注写如下：

B8Φ32　3/5；T7Φ32

G8Φ16

表示梁的底部配置 8 根 Φ32 的贯通纵筋，分两排布置，上一排纵筋为 3 根 Φ32，下一排纵筋为 5 根 Φ32。梁的顶部配置 7 根 Φ32 的贯通纵筋。梁的两侧共配置 8Φ16 的纵向构造钢筋，每侧各配置 4Φ16。

又如 N8Φ16 表示梁的两个侧面共配置 8Φ16 的纵向抗扭钢筋，沿截面周边均匀对称设置。

（4）基础梁底面标高高差

基础梁底面标高高差是指基础梁底面相对于筏形基础平板底面标高的高差值，该项为选注值，有高差时需将高差写入括号内，无高差时不需注明。

梁板式筏形基础一般可根据基础梁与基础平板之间的位置关系，分为高板位、中板位与低板位。

高板位为梁顶与板顶齐平，如图 7-26 所示。

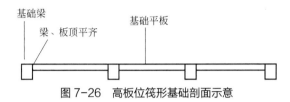

图 7-26　高板位筏形基础剖面示意

中板位为板在梁的中部，如图 7-27 所示。

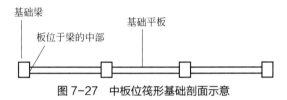

图 7-27　中板位筏形基础剖面示意

低板位为梁底与板底齐平，如图 7-28 所示。

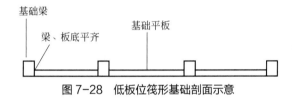

图 7-28　低板位筏形基础剖面示意

高板位与中板位基础梁需标注基础梁底面标高高差，低板位基础梁不标注。

7.4.2.2　原位标注

（1）梁支座的底部纵筋

梁支座的底部纵筋，是指包含贯通纵筋与非贯通纵筋在内的所有纵筋。

当底部纵筋多于一排时，用斜线"/"将各排纵筋自上而下分开。

例如梁端（支座）区域底部纵筋注写为 10 Φ 25　4/6，表示上一排纵筋为 4 Φ 25，下一排纵筋为 6 Φ 25。

当同排纵筋有两种直径时，用加号"+"将两种直径的纵筋相连。

例如梁端（支座）区域底部纵筋注写为 4 Φ 28+2 Φ 25，表示一排纵筋由两种不同直径钢筋组合。

当梁中间支座两边的底部纵筋配置不同时，需在支座两边分别标注；当梁中间支座两边的底部纵筋相同时，可仅在支座的一边标注配筋值。当梁端（支座）区域的底部全部纵筋与集中注写过的贯通纵筋相同时，可不再重复做原位标注。

竖向加腋梁加腋部位钢筋，需在设置加腋的支座处以 Y 开头注写在括号内。

例如竖向加腋梁端（支座）处注写为 Y4 Φ 25，表示竖向加腋部位斜纵筋为 4 Φ 25。

（2）基础梁的附加箍筋或（反扣）吊筋

基础梁的附加箍筋或（反扣）吊筋可将其直接画在平面图中的主梁上，用线引注总配筋值（附加箍筋的肢数注在括号内），当多数附加箍筋或（反扣）吊筋相同时，可在基础梁平法施工图上统一注明，少数与统一注明值不同时，再原位引注（图 7-29）。

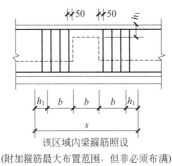
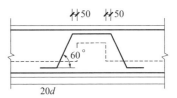

该区域内梁箍筋照设

（附加箍筋最大布置范围，但非必须布满）

(a) 附加箍筋构造

(吊筋高度应根据基础梁高度推算，吊筋顶部平直段与基础梁顶部纵筋净距应满足规范要求，当净距不足时应置于下一排)

(b) 附加(反扣)吊筋构造

图 7-29　附加箍筋或反扣吊筋构造

（3）基础梁外伸变截面高度

当基础梁外伸部位变截面高度时，在该部位原位注写 $b \times h_1/h_2$，h_1 为根部截面高度，h_2 为尽端截面高度（图 7-30）。

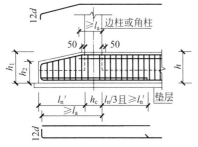

图 7-30　梁板式筏形基础梁端部变截面外伸构造

（4）修正内容

当在基础梁上集中标注的某项内容（如梁截面尺寸、箍筋、底部与顶部贯通纵筋或架立筋、梁侧面纵向构造钢筋、梁底面标高高差等）不适用于某跨或某外伸部分时，则将其修正内容原位标注在该跨或该外伸部位，施工时原位标注取值优先。

当在多跨基础梁的集中标注中已注明竖向加腋，而该梁某跨根部不需要竖向加腋时，则应在该跨原位标注等截面的 $b \times h$，以修正集中标注中的加腋信息。

7.4.3　基础平板的平法注写

基础平板 LPB 的平面注写方式，分集中标注与原位标注两部分内容，其平面注写内容如图 7-31 所示。

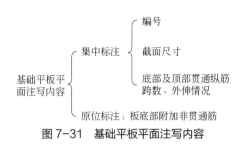

图7-31 基础平板平面注写内容

7.4.3.1 集中标注

梁板式筏形基础平板（LPB）贯通纵筋的集中标注，应在所表达的板区双向均为第一跨（X与Y双向首跨）的板上引出（图面从左至右为X向，从下至上为Y向）。

板区划分条件：板厚相同、基础平板底部与顶部贯通纵筋配置相同的区域为同一板区。

（1）基础平板编号

基础平板编号由类型代号及序号组成，具体参见表7-5的规定。

（2）截面尺寸

注写$h=\times\times$表示板厚。

（3）底部及顶部贯通纵筋及其跨数、外伸情况

先注写X向底部（B开头）贯通纵筋与顶部（T开头）贯通纵筋及纵向长度范围；再注写Y向底部（B打头）贯通纵筋与顶部（T开头）贯通纵筋及其跨数和外伸情况（图面从左至右为X向，从下至上为Y向）。

贯通纵筋的跨数及外伸情况注写在括号中，注写方式为"跨数及有无外伸"，其表达形式为：（$\times\times$）（无外伸）、（$\times\times$A）（一端有外伸）或（$\times\times$B）（两端有外伸）。

注：基础平板的跨数以构成柱网的主轴线为准；两主轴线之间无论有几道辅助轴线（例如框筒结构中混凝土内筒中的多道墙体），均可按一跨考虑。

当贯通筋采用两种规格钢筋"隔一布一"方式时，表达为Φxx/yy@$\times\times\times$，表示直径$\times\times$的钢筋和直径yy的钢筋之间的间距为$\times\times\times$，直径为xx的钢筋、直径为yy的钢筋间距分别为$\times\times\times$的2倍。

例如X：B Φ22@150；T Φ20@150；（5B）

Y：B Φ20@200；T Φ18@200；（7A）

表示：基础平板X向底部配置Φ22间距150mm的贯通纵筋，顶部配置Φ20间距150mm的贯通纵筋，共5跨两端有外伸；Y向底部配置Φ20间距200mm的贯通纵筋，顶部配置Φ18间距200mm的贯通纵筋，共7跨一端有外伸。

又如Φ10/12@100表示贯通纵筋为Φ10、Φ12隔一布一，相邻Φ10与Φ12之间距离为100mm（图7-32）。Φ10钢筋间距为200mm，Φ12钢筋间距为200mm。

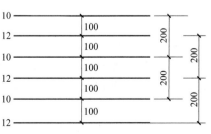

图7-32 贯通纵筋隔一布一

7.4.3.2　原位标注

（1）板底部附加非贯通纵筋

板底部原位标注的附加非贯通纵筋，应在配置相同跨的第一跨表达（当在基础梁悬挑部位单独配置时则在原位表达）。在配置相同跨的第一跨（或基础梁外伸部位），垂直于基础梁绘制一段中粗虚线（当该筋通长设置在外伸部位或短跨板下部时，应画至对边或贯通短跨），在虚线上注写编号（如①、②等）、配筋值、横向布置的跨数及是否布置到外伸部位。

注：（××）为横向布置的跨数，（××A）为横向布置的跨数及一端基础梁的外伸部位，（××B）为横向布置的跨数及两端基础梁外伸部位。

板底部附加非贯通纵筋自支座中线向两边跨内的伸出长度值注写在线段的下方位置。当该筋向两侧对称伸出时，可仅在一侧标注，另一侧不注；当布置在边梁下时，向基础平板外伸部位一侧的伸出长度与方式按标准构造，设计不注。

底部附加非贯通筋相同者，可仅注写一处，其他只注写编号。

横向连续布置的跨数及是否布置到外伸部位，不受集中标注贯通纵筋的板区限制。

原位注写的底部附加非贯通纵筋与集中标注的底部贯通钢筋，宜采用"隔一布一"的方式布置，即基础平板（X 向或 Y 向）底部附加非贯通纵筋与贯通纵筋间隔布置，其标注间距与底部贯通纵筋相同（两者实际组合后的间距为各自标注间距的 1/2），如图 7-33 所示。

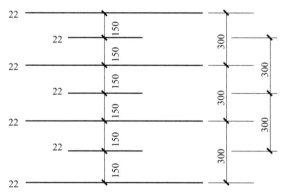

图 7-33　附加非贯通筋与贯通筋间隔布置

例如原位注写的基础平板底部附加非贯通纵筋为 Φ22@300（3），该 3 跨范围集中标注的底部贯通纵筋为 B Φ22@300，在该 3 跨支座处实际横向设置的底部纵筋合计为 Φ22@150。

其他与③号筋相同的底部附加非贯通纵可仅注编号。

（2）修正内容

当集中标注的某些内容不适用于梁板式筏形基础平板某板区的某一板跨时，应由设计者在该板跨内注明，施工时应按注明内容取用。

当若干基础梁下基础平板的底部附加非贯通纵筋配置相同时（其底部、顶部的贯通纵筋可以不同），可仅在一根基础梁下做原位注写，并在其他梁上注明"该梁下基础平板底部附加非贯通纵筋同 ×× 基础梁"。

（3）其他内容

① 当在基础平板周边沿侧面设置纵向构造钢筋时，应在图中注明。

② 应注明基础平板外伸部位的封边方式，当采用 U 形钢筋封边时应注明其规格、直径及间距。

③ 当基础平板外伸变截面高度时，应注明外伸部位的 h_1/h_2，h_1 为板根部截面高度，h_2 为板尽端截面高度。

④ 当基础平板厚度大于 2m 时，应注明具体构造要求。

⑤ 当在基础平板外伸阳角部位设置放射筋时，应注明放射筋的强度等级、直径、根数以及设置方式等。

⑥ 板的上、下部纵筋之间设置拉筋时，应注明拉筋的强度等级、直径、双向间距等。

⑦ 应注明混凝土垫层厚度与强度等级。

⑧ 结合基础主梁交叉纵筋的上下关系，当基础平板同层面的纵筋相交叉时，应注明何向纵筋在下，何向纵筋在上。

⑨ 设计需注明的其他内容。

【例 7-5】 识读图 7-34 筏形基础平面标注的信息。

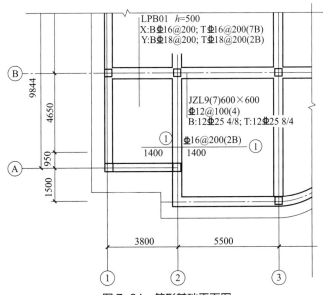

图 7-34 筏形基础平面图

答： 基础类型为梁板式筏形基础。

（1）基础梁

基础主梁 9 号：7 跨，两端无伸出。

截面尺寸：高 600mm×宽 600mm。

箍筋为 Φ12，间距 100mm，4 肢箍。

梁底部贯通筋为 12 根 Φ25，分 2 排布置，上排 4 根，下排 8 根。

梁顶部贯通筋为 12 根 Φ25，分 2 排布置，上排 8 根，下排 4 根。

（2）基础平板

基础平板 01 号，板厚 500mm。

X 向底部配置 Φ 16 间距 200mm 的贯通纵筋，顶部配置 Φ 16 间距 200mm 的贯通纵筋，共 7 跨两端有外伸；Y 向底部配置 Φ 18 间距 200mm 的贯通纵筋，顶部配置 Φ 18 间距 200mm 的贯通纵筋，共 2 跨两端有外伸。

① 号底部附加非贯通纵筋；为 Φ 16 间距 200mm 的钢筋（综合贯通筋标注，应"隔一布一"），布置范围 2 跨并布置两端外伸处。附加非贯通纵筋自梁中心线分别向两边跨内的延伸长度为 1400mm。

任务7.5

筏形基础钢筋算量

建议课时：2课时。

知识目标：掌握筏形基础的钢筋构造。

能力目标：能计算筏形基础的钢筋工程量。

思政目标：追求精准、信守精诚。

基础梁钢筋构造

基础平板钢筋构造

7.5.1 基础主梁钢筋算量

基础主梁的主要钢筋骨架及构造如图7-35和表7-6所示。

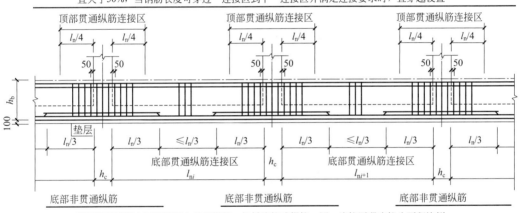

图7-35 基础主梁纵向钢筋与箍筋构造

表7-6 基础主梁主要钢筋骨架

类型	部位	钢筋
纵筋	顶部（T）	贯通纵筋
	侧部	构造筋（G）
		抗扭筋（N）
		拉筋
	底部（B）	贯通纵筋
		架立筋
		非贯通纵筋

续表

类型	部位	钢筋
箍筋	箍筋	
附加钢筋	吊筋	
	附加箍筋	

7.5.1.1　基础主梁的纵向钢筋

（1）基础主梁端部无外伸

梁板式筏形基础主梁端部无外伸时，钢筋构造如图 7-36 所示。

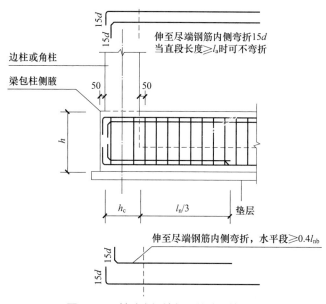

图 7-36　基础主梁端部无外伸钢筋构造

此时，基础主梁内主要纵筋构造如下。

① 顶部贯通筋。所有顶部贯通筋均伸至梁尽端钢筋内侧并向下弯折 $15d$。

当直段长度 $\geqslant l_a$ 时，可不弯折，直锚至梁尽端。

② 底部贯通筋。所有底部贯通筋均伸至梁尽端钢筋内侧并向上弯折 $15d$。

③ 底部非贯通筋。边柱（或角柱）节点构造同贯通筋，在跨内伸出长度如下。

当配置不多于两排时，自支座边向跨内伸出 $l_n/3$。

当配置多于两排时，从第三排起向跨内的伸出长度由设计者注明。

（2）基础主梁端部等截面外伸

梁板式筏形基础主梁端部等截面外伸时，钢筋构造如图 7-37 所示。

此时，基础主梁内主要纵筋构造如下。

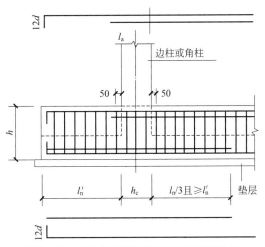

图 7-37　基础主梁端部等截面外伸钢筋构造

① 顶部贯通筋。第一排纵筋应伸至端部并向下弯折 $12d$。

第二排纵筋伸至边柱（或角柱）内，直锚长度 $\geq l_a$。

② 底部贯通筋。第一排纵筋伸出至梁端部后，全部向上弯折 $12d$。

其他排伸至梁端部后截断。

注意：端部等（变）截面外伸构造中，当从柱内边算起的梁端部外伸长度不满足直锚要求时，基础梁下部钢筋应伸至端部后弯折，且从柱内边算起水平段长度 $\geq 0.6 l_{ab}$，弯折段长度 $15d$。

③ 底部非贯通筋。主梁外伸部位构造同贯通筋，在跨内伸出长度如下。

当配置不多于两排时，自支座边向跨内伸出至 $\max(l_n/3,\ l_n')$。

当配置多于两排时，从第三排起向跨内的伸出长度由设计者注明。

（3）基础主梁端部变截面外伸

梁板式筏形基础主梁端部变截面外伸时，钢筋构造如图 7-38 所示。

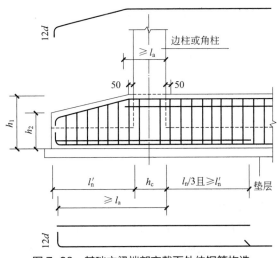

图 7-38　基础主梁端部变截面外伸钢筋构造

此时，基础主梁内主要纵筋构造如下。

① 顶部贯通筋。第一排纵筋应伸至端部并向下弯折 $12d$。

第二排纵筋伸至边柱（或角柱）内，直锚长度 $\geqslant l_a$。

② 底部贯通筋。第一排纵筋伸出至梁端部后，全部向上弯折 $12d$。

其他排伸至梁端部后截断。

注：端部等（变）截面外伸构造中，当从柱内边算起的梁端部外伸长度不满足直锚要求时，基础梁下部钢筋应伸至端部后弯折，且从柱内边算起水平段长度 $\geqslant 0.6l_{ab}$，弯折段长度 $15d$。

③ 底部非贯通筋。主梁外伸部位构造同贯通筋，在跨内伸出长度如下。

当配置不多于两排时，自支座边向跨内伸出至 $\max(l_n/3,\ l_n')$。

当配置多于两排时，从第三排起向跨内的伸出长度由设计者注明。

（4）基础主梁的侧向纵筋

梁板式筏形基础主梁侧向纵筋的主要构造如图 7-39 所示。

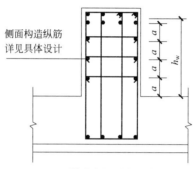

图 7-39   基础主梁侧向纵筋构造

基础梁侧面纵向构造钢筋搭接长度为 $15d$。

十字相交的基础梁，当相交位置有柱时，侧面构造纵筋锚入梁包柱侧肢内 $15d$；当无柱时，侧面构造纵筋锚入交叉梁内 $15d$。丁字相交的基础梁，当相交位置无柱时，横梁外侧的构造纵筋应贯通，横梁内侧的构造纵筋锚入交叉梁内 $15d$。

梁侧钢筋的拉筋直径除注明者外均为 8mm，间距为箍筋间距的 2 倍。当设有多排拉筋时，上下两排拉筋竖向错开设置。

基础梁侧面受扭纵筋的搭接长度为 l_l，其锚固长度为 l_a，锚固方式同梁上部纵筋。

7.5.1.2　基础主梁的箍筋

基础主梁的箍筋构造如图 7-35 所示。

节点区内箍筋按梁端箍筋设置。

梁相互交叉宽度内的箍筋按截面高度较大的基础梁设置。

同跨箍筋有两种时，各自设置范围按具体设计注写。当具体设计未注明时，基础梁的外伸部位以及基础梁端部节点按第一种箍筋设置。

节点区箍筋不计入总道数，每跨箍筋布置的起步距离均为50mm。

箍筋长度计算方法同框架梁，这里不再赘述。

7.5.2 基础次梁钢筋算量

基础次梁纵向钢筋及箍筋构造如图7-40所示。

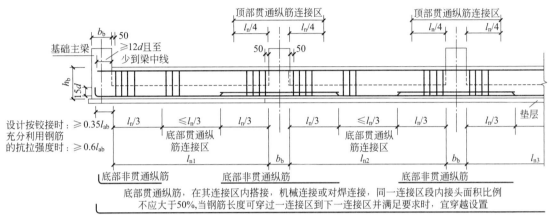

图7-40 基础次梁纵向钢筋及箍筋构造

7.5.2.1 基础次梁的纵筋

（1）基础次梁端部等截面外伸

梁板式筏形基础次梁端部等截面外伸时，钢筋构造如图7-41所示。

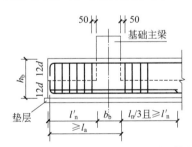

图7-41 基础次梁端部等截面外伸钢筋构造

此时，基础次梁内主要纵筋构造如下。

① 顶部贯通筋。顶部贯通纵筋应伸至端部并向下弯折$12d$。

② 底部贯通筋。第一排纵筋伸出至梁端部后，全部向上弯折$12d$。

其他排伸至梁端部后截断。

注：端部等（变）截面外伸构造中，当从柱内边算起的梁端部外伸长度不满足直锚要求时，基础梁下部钢筋应伸至端部后弯折，且从柱内边算起水平段长度$\geq 0.6l_{ab}$，弯折段长度$15d$。

③ 底部非贯通筋。次梁外伸部位构造同贯通筋，在跨内伸出长度如下。

当配置不多于两排时，自支座边向跨内伸出至 $\max(l_n/3, l_n')$。

当配置多于两排时，从第三排起向跨内的伸出长度由设计者注明。

（2）基础次梁端部变截面外伸

梁板式筏形基础次梁端部变截面外伸时，钢筋构造如图 7-42 所示。

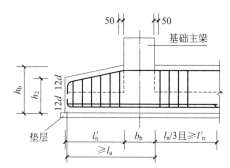

图 7-42　基础次梁端部变截面外伸钢筋构造

此时，基础次梁内主要纵筋构造如下。

① 顶部贯通筋。顶部贯通纵筋沿次梁顶面伸至端部并向下弯折 $12d$。

② 底部贯通筋。第一排纵筋伸出至梁端部后，全部向上弯折 $12d$。

其他排伸至梁端部后截断。

注：端部等（变）截面外伸构造中，当从柱内边算起的梁端部外伸长度不满足直锚要求时，基础梁下部钢筋应伸至端部后弯折，且从柱内边算起水平段长度 $\geqslant 0.6l_{ab}$，弯折段长度 $15d$。

③ 底部非贯通筋。次梁外伸部位构造同贯通筋，在跨内伸出长度如下。

当配置不多于两排时，自支座边向跨内伸出至 $\max(l_n/3, l_n')$。

当配置多于两排时，从第三排起向跨内的伸出长度由设计者注明。

7.5.2.2　基础次梁的箍筋

基础次梁的箍筋构造如图 7-43 所示。

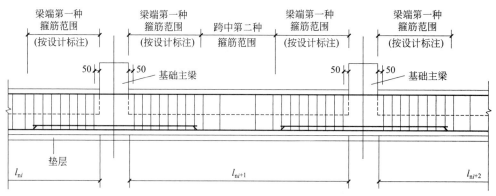

图 7-43　基础次梁的箍筋构造

在具体设计未注写时，基础次梁的外伸部位，按第一种箍筋设置。基础主梁与基础次梁节点位置，基础主梁箍筋贯通，基础次梁不设置箍筋。

7.5.3 基础平板钢筋算量

梁板式筏形基础平板LPB的钢筋构造分为"柱下区域"和"跨中区域"，分别如图7-44、和图7-45所示。

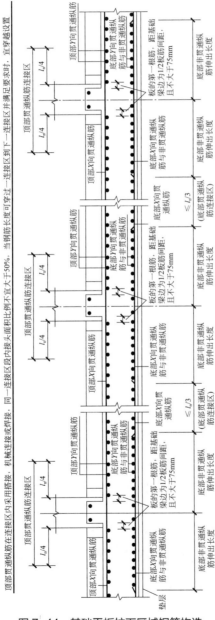

图7-44 基础平板柱下区域钢筋构造

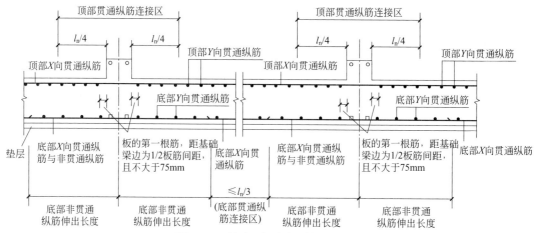

顶部贯通纵筋在连接区内采用搭接，机械连接或焊接，同一连接区段内接头面积比例不宜大于50%，当钢筋长度可穿过一连接区到下一连接区并满足要求时，宜穿越设置

图 7-45　基础平板跨中区域钢筋构造

7.5.3.1　基础平板端部无外伸

梁板式筏形基础平板端部无外伸时，钢筋构造如图 7-46 所示。

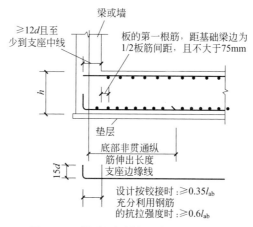

图 7-46　基础平板端部无外伸钢筋构造

此时，基础平板内主要钢筋构造如下。

① 基础底板的底部贯通纵筋和顶部贯通纵筋，其第一根筋距基础梁边为 1/2 板筋间距，且不大于 75mm。

② 基础底板底部纵筋伸至边梁或墙尽端，并向上弯折 15d。

③ 顶部纵筋伸入边梁内"≥12d 且至少到梁中心线"。

7.5.3.2　基础平板端部等截面外伸

梁板式筏形基础平板端部等截面外伸时，钢筋构造如图 7-47 所示。

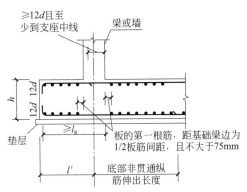

图 7-47 基础平板端部等截面外伸钢筋构造

此时，基础平板内主要钢筋构造如下。

① 基础底板的底部贯通纵筋和顶部贯通纵筋，其第一根筋距基础梁边为 1/2 板筋间距，且不大于 75mm。

② 基础底板底部纵筋伸至外端，并向上弯折 12d；当从基础主梁（墙）内边算起的外伸长度 < l_a 时，弯折 15d。

③ 顶部纵筋伸入边梁内"≥12d 且至少到梁中心线"。

④ 外伸部位的顶部钢筋：一端伸入边梁内"≥12d 且至少到梁中心线"；另一端伸至外端，并向下弯折 12d。

7.5.3.3 基础平板端部变截面外伸

梁板式筏形基础平板端部变截面外伸时，钢筋构造如图 7-48 所示。

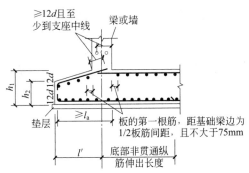

图 7-48 基础平板端部变截面外伸钢筋构造

此时，基础平板内主要钢筋构造如下。

① 基础底板的底部贯通纵筋和顶部贯通纵筋，其第一根筋距基础梁边为 1/2 板筋间距，且不大于 75mm。

② 基础底板底部纵筋伸至外端，并向上弯折 12d；当从基础主梁（墙）内边算起的外伸长度 < l_a 时，弯折 15d。

③ 顶部纵筋伸入边梁内"≥12d 且至少到梁中心线"。

④ 外伸部位的顶部钢筋：一端伸入边梁内"≥12d 且至少到梁中心线"；另一端伸至外端，并向下弯折 12d。

任务7.6

桩基承台
平法识图

建议课时： 1课时。
知识目标： 掌握桩承台的平法表达方式。
能力目标： 能识读桩承台的平法施工图。
思政目标： 安全责任、规范意识。

桩基构造

桩基承台可分为独立承台与承台梁。本书主要介绍独立承台的识图与钢筋算量。

根据截面形状的不同，独立承台可分为阶形截面独立承台和坡形截面独立承台（图7-49）。

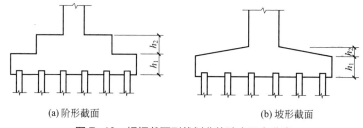

(a) 阶形截面   (b) 坡形截面

图 7-49   根据截面形状划分的独立承台分类

根据平面形状的不同，独立承台可分为矩形承台、三桩承台、六边承台、异形承台等（图7-50）。

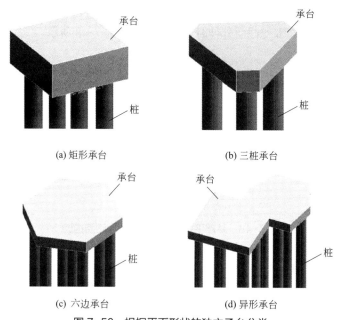

(a) 矩形承台   (b) 三桩承台

(c) 六边承台   (d) 异形承台

图 7-50   根据平面形状的独立承台分类

桩基承台平法施工图有平面注写与截面注写两种表达方式，设计者可根据具体工程情况选择一种，或将两种方式相结合进行桩基承台施工图设计。

桩基承台的平面注写包括集中标注和原位标注两部分内容。

7.6.1　集中标注

独立承台的集中标注，是在承台平面上集中引注独立承台编号、截面竖向尺寸、配筋三项必注内容，以及承台板底面标高（与承台底面基准标高不同时）和必要的文字注解两项选注内容。

7.6.1.1　独立承台编号

独立承台按表 7-7 的规定编号。

表 7-7　独立承台编号

独立基础类型	基础底面截面形状	代号	序号	说明
独立承台	阶形	CT_J	××	单阶截面即为平板式独立承台
	坡形	CT_P	××	

注：杯口独立承台代号可为 BCT_J 和 BCT_P，设计注写方式可参照杯口独立基础，施工详图应由设计者提供。

7.6.1.2　截面竖向尺寸

自下而上按竖向尺寸注写，注写为 $h_1/h_2/\cdots$，具体如表 7-8 所示。

表 7-8　独立承台截面竖向尺寸注写一览

基础类型		截面形式	注写形式
阶形	单阶		h_1
	多阶		h_1/h_2（若为更多阶，用"/"分隔，自下而上按顺序注写）

续表

基础类型	截面形式	注写形式
坡形		h_1/h_2

7.6.1.3　独立承台配筋

底部与顶部双向配筋应分别注写，顶部配筋仅用于双柱或四柱等独立承台。当独立承台顶部无配筋时则不注顶部。注写规定如下。

① 以 B 开头注写底部配筋，以 T 开头注写顶部配筋。

② 矩形承台 X 向配筋以 X 开头，Y 向配筋以 Y 开头；两向配筋相同时，则以 X&Y 开头。

③ 当为等边三桩承台时，以"△"开头，注写三角布置的各边受力钢筋（注明根数并在配筋值后注写"×3"），在"/"后注写分布钢筋，不设分布钢筋时可不注写。

例如：△ ××Ⱥ××@×××/φ××@×××。

④ 当为等腰三桩承台时，以"△"开头注写等腰三角形底边的受力钢筋＋两对称斜边的受力钢筋（注明根数并在两对称配筋值后注写"×2"），在"/"后注写分布钢筋，不设分布钢筋时可不注写。

例如：△ ××Ⱥ××@×××＋△ ××Ⱥ××@×××/φ××@×××。

⑤ 当为多边形（五边形或六边形）承台或异形独立承台，且采用 X 向和 Y 向正交配筋时，注写方式与矩形独立承台相同。

⑥ 两桩承台可按承台梁进行标注。

7.6.1.4　基础底面标高（选注）

当独立承台的底面标高与桩基承台底面基准标高不同时，应将独立承台底面标高注写在括号内。

7.6.1.5　必要的文字注解（选注）

当独立承台的设计有特殊要求时，宜增加必要的文字注解。

7.6.2 原位标注

独立承台的原位标注，是在桩基承台平面布置图上标注独立承台的平面尺寸，相同编号的独立承台，可仅选择一个进行标注，其他仅注编号。

7.6.2.1 矩形独立承台

如图 7-51 所示，原位标注 x、y，x_c、y_c（或圆柱直径 d_c），x_i、y_i，a_i、b_i，i=1，2，3，…。其中，x、y 为独立承台两向边长，x_c、y_c 为柱截面尺寸，x_i、y_i 为阶宽或坡形平面尺寸，a_i、b_i 为桩的中心距及边距（a_i、b_i 根据具体情况可不注）。

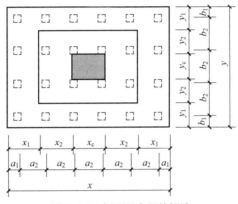

图 7-51 矩形承台原位标注

7.6.2.2 三桩承台

如图 7-52 所示，结合 X、Y 双向定位，原位标注 x 或 y，x_c、y_c（或圆柱直径 d_c），x_i、y_i，i=1，2，3，…，a。其中，x 或 y 为三桩独立承台平面垂直于底边的高度，x_c、y_c 为柱截面尺寸，x_i、y_i 为承台分尺寸和定位尺寸，a 为桩中心距切角边缘的距离。

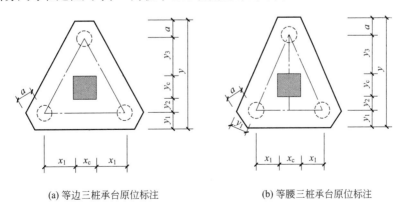

(a) 等边三桩承台原位标注　　　　(b) 等腰三桩承台原位标注

图 7-52 三桩承台原位标注

7.6.2.3　多边形独立承台

结合 X、Y 双向定位，原位标注 x 或 y，x_c、y_c（或圆柱直径 d_c），x_i、y_i，a_i，i=1，2，3…。具体设计时，可参照矩形独立承台或三桩独立承台的原位标注规定。

桩承台钢筋
构造

桩身钢筋
构造

任务7.7

桩基承台钢筋算量

建议课时: 2课时。

知识目标: 掌握桩基承台的钢筋构造。

能力目标: 能计算桩基承台的钢筋工程量。

思政目标: 严谨细致、求真务实。

7.7.1 桩承台钢筋算量

桩基承台的钢筋算量以矩形承台为例,矩形承台配筋构造如图 7-53 所示。

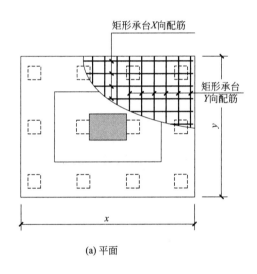

(a) 平面

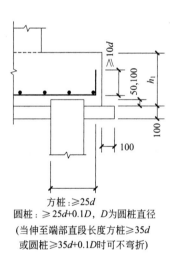

(b) 剖面

图 7-53 矩形承台钢筋构造

当桩径或桩截面边长 <800mm 时,桩顶嵌入承台 50mm。

当桩径或桩截面边长 ≥ 800mm 时,桩顶嵌入承台 100mm。

7.7.2 桩身钢筋算量

灌注桩的钢筋算量主要需要计算纵筋、螺旋箍筋及加劲筋的长度。本书以《浙江省房屋建筑与装饰工程预算定额》(2018 年版)中的计量规定为例,介绍桩身钢筋工程量计算方法。

以通长等截面灌注桩为例,其钢筋构造如图 7-54 所示。

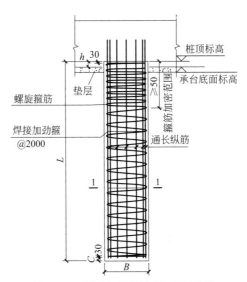

图 7-54 灌注桩通长等截面钢筋构造

7.7.2.1 纵筋

按设计规定纵筋长度计算，计算出长度（m）后转换为质量（t）。

7.7.2.2 螺旋箍筋

由图 7-55 可知，螺旋箍筋在开始与结束之间应有水平段，长度不小于一圈半。因此，螺旋箍筋长度由螺旋长度和水平长度相加得到。其计算公式为

$$L_{1螺旋长度} = \frac{L_{加密}}{s_{加密}} \times \sqrt{[\pi(D-2C)]^2 + s^2_{加密}} + \frac{L_{非加密}}{s_{非加密}} \times \sqrt{[\pi(D-2C)]^2 + s^2_{非加密}}$$

$$L_{2水平长度} = \pi(D_{桩径} - 2C_{保护层}) \times 1.5 \times 2 + 2 \times \max(11.9d, 75 + 1.9d)$$

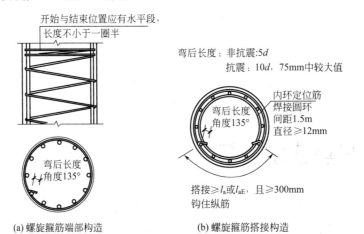

(a) 螺旋箍筋端部构造　　(b) 螺旋箍筋搭接构造

图 7-55　螺旋箍筋构造

注：圆柱环状箍筋搭接构造同螺旋箍筋

7.7.2.3 加劲筋

加劲筋的计算公式如下：

$$L_{水平长度} = \pi(D_{桩径} - 2C - 2d_{螺旋箍} - 2d_{纵筋})$$

$$N = \frac{L_{设计桩长}}{s} + 1$$

[] 思考与
练习

?

1. 已知 2 号基础的剖面如图 7-56 所示，其中 a_0=650mm，a_1=750mm；h_1=400mm，h_2=550mm，h_3=450mm；底板底部配置双向钢筋，其中 X 向配置 HRB335 级钢筋，直径 16mm，间距 200mm；Y 向配置 HRB400 级钢筋，钢筋直径 14mm，间距 150mm。

试标写其集中标注。

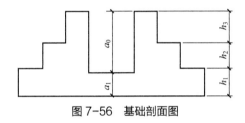

图 7-56 基础剖面图

2. 已知某基础平面如图 7-57 所示，基础保护层为 40mm。试分别计算一般构造和钢筋缩减构造下的底板钢筋工程量。

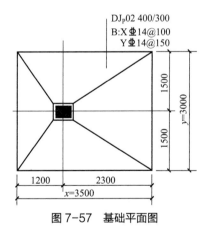

图 7-57 基础平面图

参 考 文 献

[1] 中华人民共和国国家标准. GB 50010—2010混凝土结构设计规范（2015修订版）. 北京：中国建筑工业出版社，2015.

[2] 国家建筑标准设计院. 16G101-1 混凝土结构施工图平面整体表示方法制图规则和构造详图（现浇混凝土柱、剪力墙、梁、板）. 北京：中国计划出版社，2016.

[3] 国家建筑标准设计院. 16G101-2 混凝土结构施工图平面整体表示方法制图规则和构造详图（现浇混凝土板式楼梯）. 北京：中国计划出版社，2016.

[4] 国家建筑标准设计院. 16G101-3 混凝土结构施工图平面整体表示方法制图规则和构造详图（独立基础、条形基础、筏形基础、桩基础）. 北京：中国计划出版社，2016.

[5] 程花. 平法钢筋识图与算量（16G）. 成都：西南交通大学出版社，2018.

[6] 彭波. 平法钢筋识图与算量基础教程. 2版. 北京：中国建筑工业出版社，2016.

[7] 惠雅莉. 钢筋工程手工算量实战指南. 北京：中国电力出版社，2013.